地理发现之旅

谢登华 编著　丛书主编 周丽霞

河流：大地的滚滚动脉

汕头大学出版社

图书在版编目（CIP）数据

河流：大地的滚滚动脉 / 谢登华编著. -- 汕头：汕头大学出版社，2015.3（2020.1重印）
（学科学魅力大探索 / 周丽霞主编）
ISBN 978-7-5658-1723-6

Ⅰ. ①河… Ⅱ. ①谢… Ⅲ. ①河流－世界－青少年读物 Ⅳ. ①P941.77-49

中国版本图书馆CIP数据核字(2015)第028234号

河流：大地的滚滚动脉　　　　HELIU: DADI DE GUNGUN DONGMAI

编　　著：谢登华
丛书主编：周丽霞
责任编辑：胡开祥
封面设计：大华文苑
责任技编：黄东生
出版发行：汕头大学出版社
　　　　　广东省汕头市大学路243号汕头大学校园内　邮政编码：515063
电　　话：0754-82904613
印　　刷：三河市燕春印务有限公司
开　　本：700mm×1000mm　1/16
印　　张：7
字　　数：50千字
版　　次：2015年3月第1版
印　　次：2020年1月第2次印刷
定　　价：29.80元
ISBN 978-7-5658-1723-6

前　言

　　科学是人类进步的第一推动力，而科学知识的学习则是实现这一推动的必由之路。在新的时代，社会的进步、科技的发展、人们生活水平的不断提高，为我们青少年的科学素质培养提供了新的契机。抓住这个契机，大力推广科学知识，传播科学精神，提高青少年的科学水平，是我们全社会的重要课题。

　　科学教育与学习，能够让广大青少年树立这样一个牢固的信念：科学总是在寻求、发现和了解世界的新现象，研究和掌握新规律，它是创造性的，它又是在不懈地追求真理，需要我们不断地努力探索。在未知的及已知的领域重新发现，才能创造崭新的天地，才能不断推进人类文明向前发展，才能从必然王国走向自由王国。

　　但是，我们生存世界的奥秘，几乎是无穷无尽，从太空到地球，从宇宙到海洋，真是无奇不有，怪事迭起，奥妙无穷，神秘莫测，许许多多的难解之谜简直不可思议，使我们对自己的生命现象和生存环境捉摸不透。破解这些谜团，有助于我们人类社会向更高层次不断迈进。

其实，宇宙世界的丰富多彩与无限魅力就在于那许许多多的难解之谜，使我们不得不密切关注和发出疑问。我们总是不断去认识它、探索它。虽然今天科学技术的发展日新月异，达到了很高程度，但对于那些奥秘还是难以圆满解答。尽管经过许许多多科学先驱不断奋斗，一个个奥秘不断解开，并推进了科学技术大发展，但随之又发现了许多新的奥秘，又不得不向新的问题发起挑战。

宇宙世界是无限的，科学探索也是无限的，我们只有不断拓展更加广阔的生存空间，破解更多奥秘现象，才能使之造福于我们人类，人类社会才能不断获得发展。

为了普及科学知识，激励广大青少年认识和探索宇宙世界的无穷奥妙，根据最新研究成果，特别编辑了这套《学科学魅力大探索》，主要包括真相研究、破译密码、科学成果、科技历史、地理发现等内容，具有很强系统性、科学性、可读性和新奇性。

本套作品知识全面、内容精炼、图文并茂，形象生动，能够培养我们的科学兴趣和爱好，达到普及科学知识的目的，具有很强的可读性、启发性和知识性，是我们广大青少年读者了解科技、增长知识、开阔视野、提高素质、激发探索和启迪智慧的良好科普读物。

目　录

印度河——古老的发祥地

印度河小档案

河流总长：2900千米

流域面积：117万平方千米

发源地：西藏高原

河流注入：阿拉伯海

印度河是巴基斯坦主要河流，印度国家的一条大河。它发源于中国西藏高原的冈底斯山冈仁波齐峰北坡的狮泉河，途中流经克什米尔、巴基斯坦，最后注入阿拉伯海。

印度河全长2900千米，流域面积117万平方千米。在1947年印巴分治以前，印度河仅次于恒河，是该地区的文化和商业中心地带。古老的印度河文明是世界上最早进入农业文明和定居社会的主要文明之一。

古老的印度河

印度河发源于西藏高原，流经于喜马拉雅山与喀喇昆仑山两大山脉之间，流向为西南贯穿喜马拉雅山，右岸与喀布尔河交汇，左岸汇流旁遮普地方的一些支流，最后注入阿拉伯海。

印度河在地貌上属先成河，主要支流有萨特累季河、奇纳布河、杰卢姆河、喀布尔河等。其河流来源主要依靠融雪水和季风雨的补给。河流上游穿山过峡，水深且湍急。从卡拉巴格至海得拉巴德为下游段，河床比降小，河道宽阔，河流分汊多，流速缓慢，具有平原河流的主要特征。从海德拉巴以下为河口段，也就是印度河三角洲。

由于上游多为冰川雪山，融雪带来大量泥沙，都淤积于河床，致使三角洲面积逐年扩大，河口每年约向外延伸11.8米。

在河流中、下游会出现许多分流，有的分流会在旱季时干涸，有的分流在雨季时会宽达20余千米。河流泥沙含量很多，中、下游河床有的地方高出地面，有的低于地面，河道不固定。

印度河是巴基斯坦主要河流，也是巴基斯坦重要的农业灌溉水源。大部分河流流经半干旱地区，河水是两岸农田的重要水源。关于灌溉工程，早在19世纪中叶就已建立。目前，巴基斯坦在河流的干、支流上建有拦河坝两座，水渠8条和大量机井，利用河水及地下水发展农业。

印度河的气候与水文

印度河流域属于亚热带气候，具有明显的季风气候特点。但是由于受到东北部高山山脉的影响，该段气候通常属于干燥与半干燥、热带与亚热带之间。

印度河河畔的季节一年分为四季：12月到来年的3月为东北季风季，气温低、降水少、湿度小；7月—9月为西南季风季，降水多、雷暴多、湿度大，是全年的降雨季节；4月—6月是热季，空气干燥、温度高；10月—11月是西南季风向东北季风的过渡季节，这时降雨少，昼夜温差大，但气候比较凉爽。

该流域内平均最高气温在46℃左右，最低气温在零下15℃左右。年平均降水量约300毫米。

印度河流域山区降水形式主要是雪。印度河水的一大部分水

量是由喀喇昆仑山、兴都库什山脉和喜马拉雅山脉融雪及融化的冰川提供的。季风雨也会在7月—9月提供一些水量。

在印度河主流中，水位从12月中旬至次年2月中旬最低。此后的时间，河水会开始上涨，最初缓慢，而在3月底河水会迅速上涨，最高水位通常出现在7月中旬至8月中旬。此后河水又是一个急遽下降的状态，直至10月初，水位开始较为平缓地减退，恢复平静。

印度河流域的文明

印度河流域文明的发生晚于尼罗河流域文明和两河流域文明，但早于商朝，距今大概是3300年~1700年。所谓印度河文明，是指包括哈拉帕和摩亨约−达罗两个大城市，以及100多个较小的城镇和村庄在内的文明。其中这两个大城市方圆超过5千米，通过其规模可推测出印度的京城中心所在地。

印度河文明显然是由邻近地方或古时的村庄演变而来。采用

美索不达米亚的灌溉农耕方式，一是有足够的技术在广阔肥沃的印度河流域收获作物，再是可控制每年一度既会肥沃土地又会制造祸患的水灾。虽然零星的商业也曾在此出现过，但人民仍以农业为生，除了栽种小麦和六棱大麦外，还找到了饲料豆、芥末、芝麻以及一些枣核和些许最早栽植棉花的痕迹。

由于冲积平原没有矿产，所以矿物是从外地运来的。黄金由南印度或阿富汗输入，银和铜自阿富汗或印度西北输入，青金石来自阿富汗，绿松石来自伊朗，另外还有白云母来自印度南部。在被发现的古代城市遗址中，出土了大量石器、青铜器和农作物遗迹。同时出土的还有大量印章，但印章上的文字没有人能够解读，甚至人们还不能确定其究竟是文字还是图像符号。

印度河畔的三角洲

印度河在接纳了旁遮普诸河之水后变得更为宽阔，在汛期（7

月~9月）时间段可宽达数里。河流在这一段的缓慢流速导致了其所带来的泥沙沉积在河床，泥沙从而高出这一沙原的平面，如信德的多数平原地区就是由印度河遗弃的冲积物形成。

虽然该河段已经修筑堤坝用于防洪，但偶尔也会崩溃，大片地区会被洪水摧毁。在洪水泛滥严重期间，河流有时则必须改道。印度河在特达附近开始进入三角洲，被分散为若干分流，并在喀拉蚩南—东南部的不同地点注入海中。

三角洲面积为7770平方千米或者更多，沿海岸延伸约209千米。目前现存的和废弃的水道使得三角洲地面坎坷不平，有的还被淹没。

延 伸 阅 读

据1924年-1976年实测资料统计，印度河干支流曾发生过多次洪水，其最大洪峰流量为：1957年杰纳布河玛沙拉站洪峰流量31120立方米/秒；1976年苏库尔站洪峰流量33988立方米/秒，相当于50年一遇的大洪水。1976年洪水淹没了809万平方千米土地，冲毁房屋1000万间以上，死亡人数达到425人。

湄公河——六国之河

湄公河小档案

河流总长：4500千米

流域面积：81万平方千米

发源地：青藏高原

河流注入：太平洋

湄公河是东南亚最重要的国际河流。它发源于中国青藏高原的唐古拉山，上源河流称澜沧江，流入中南半岛的称湄公河，经缅

甸、老挝、泰国、柬埔寨和越南等国，最终注入太平洋。湄公河包括澜沧江河段在内，共长4500千米，流域面积达81万平方千米，是亚洲的第三大河。

亚洲第三大河——湄公河

湄公河在中南半岛的流程可分为上游、中游、下游和三角洲几个段落。上游是从中国、缅甸、老挝三国边境到老挝的万象市，长约1053千米，流经的大部分地区海拔约在200米～1500米之间。上游河段的地势变化较大，处处山重水复，急流险滩，河床坡度也较陡。其中老挝的万象和泰国的廊开是湄公河两岸的一对重镇。

从万象市到巴色市是河流的中游，全长724千米。这一河段的河流大部分在海拔100米~200米之间，地势起伏不大。河流在丘陵之间由西北方向折向东南方向，在沙湾拿吉以下，河床突然下降，形成一种万水奔腾的景象。

湄公河的下游则是从巴色到柬埔寨的金边，这段河流全长559千米，由于地势较平坦，海拔不到100米，所以河床宽阔，汊流多。

湄公河畔的三角洲

从金边以下到河口，属于湄公河新三角洲段落。这一段的湄公河全长332千米，河道分支特别多。湄公河在金边城东接纳了淡

水江后，又立即分成前江和后江，金边因此有4条河流相汇，被称为"四臂湾"。前江和后江向东南流去，进入越南南方，又陆续分成6支河，最后又分成9支河流入南海。所以这段河流有九条龙之称。

湄公河新三角洲的面积有44000平方千米，是东南亚最大的河口三角洲。它地势平坦，平均海拔不到2米，地势越往东越低，到最后仅仅略高于海平面。

湄公河流域的年降雨量最大可达2500毫米~3750毫米，中下游及三角洲的雨量可达1500毫米~2000毫米。同时，上源澜沧江

每年带来大量的雪山水源使湄公河年平均流量达4600多亿立方米，几乎是多瑙河的两倍。

湄公河三角洲是越南最富饶的地方，也是越南人口最密集的地方。在这里乘一条小舟，在纵横交错的河渠中徜徉，眼帘尽是茂密的热带丛林，一望无际的稻田，四季飘香的果园，在河湖上穿梭往来的渔船，蹲在河边洗衣服的妇女，在河里戏水的孩子，这些都深刻地让人感受到真切的越南风土人情。

湄公河的气候水文状况

湄公河流域位于亚洲热带季风区的中心带，5月～9月底受来

自海上的西南季风影响，潮湿多雨，5月~10月为雨季，11月~次年的3月中旬受来自大陆的东北季风影响，干燥少雨，11月~次年4月为旱季。

雨季时期内，强度很大、历时较短、影响范围较小的雷雨出现很频繁；而历时较长，范围也较大的降雨则在9月最频繁，严重时可引起洪水泛滥，但影响范围大多只局限于三角洲地区和流域西部。由于降雨季节的分布不均匀，所以流域各地每年都要经历一次强度和历时不同的干旱灾害。

湄公河流域气温变化较小，平均最高气温为30℃，最低平均气温为15℃左右。湄公河流域的径流多来自降雨并随季风造成的季节

降雨的差异而相应变化。4月水量通常在最低点，而5月或6月，随着带雨季风从南部的移入，水量开始增加。在上游，8月或9月即可达到最高水位，在南部河段，迟至10月才达到最高水位。

湄公河多年平均入海水量为4750亿立方米，其中水能理论蕴藏量为5800万千瓦，可开发的水能估计为3700万千瓦，年发电量约为1800亿千瓦/时，其中的33%在柬埔寨、51%在老挝。而目前，已开发的水能还不到1%。

湄公河畔的"金三角"

湄公河是东南亚五国政治、经济、文化的大动脉，其中有许多重要城市、港口和商贸重镇都坐落在湄公河畔。河流下游居住着四国1/3的人口，那里几乎所有的人都从事农业——水稻作物。所以它的下游孕育了世界最大的粮仓——湄公河粮仓，闻名全球的四大米市都位于湄公河畔。紧靠岸边的"金三角"，从前以种植、制造、贩卖鸦片而闻名于世，而如今已变成泰国的旅游胜地，每年都吸引着众多游人前去观光。

臭名昭著的"金三角"位于湄公河从中国云南景洪出境，擦缅甸边境而过的河岸南边，以前全世界大部分的鸦片都来自这里。由于近年来，中、泰、缅三国政府对"金三角"地区的联手打击与整治，最终消灭了毒枭；并在三国政府的合作下，大力发展了"金三角"的旅游业，大批游客的到来，真正意义上促进了"金三角"的经济发展，使得它成为了名副其实的金三角。

延 伸 阅 读

湄公河上最大的孔瀑布坐落于老挝境内，靠近柬埔寨边境，孔瀑布很宽，宽达10千米，洪汛季节落差15米，枯水季落差24米。瀑布飞流直下，似万马奔腾，回旋呼啸，场面极为壮观。整座瀑布被石碓分成两部分，西边地势较高，枯水期断流，东边是帕平瀑布。湄公河水流过孔瀑布后，便进入柬埔寨境内，而孔瀑布的存在无疑为老挝境内的湄公河画上了一个完美的句号。

伊洛瓦底江——雨神之河

伊洛瓦底江小档案

河流总长：2714千米

流域面积：41万平方千米

发源地：青藏高原

河流注入：安达曼海

伊洛瓦底江是缅甸民族发展的摇篮，缅甸的历史和灿烂的古代文化都与它密切相关。缅甸人把它称为"天惠之河"，且对它十分崇敬。它的名字源于一个古代传说，传说古代雨神名叫伊洛瓦底，他最喜欢的一头白象在这里喷水，形成了这条大江，因此就把雨神的名字命名为江名。伊洛瓦底江是缅甸最大的河流，它地势北高南低，在西部山地和东部高原之间呈沉陷地带，蜿蜒曲折地贯穿全国，最后流入安达曼海——印度洋的边缘海。

伊洛瓦底江的发源地

伊洛瓦底江在缅甸境内有东西两条上源，东源叫恩梅开江，发源于中国青藏高原的察隅附近，是其最远的河源；西源是近立开江，发源于缅甸北部山区。两江在各自流动后，于密支那城以北50千米处的圭道汇合，始称伊洛瓦底江。2714千米，是两江汇

合处至江口全长的长度，41万平方千米是它的流域面积，约占缅甸全境的60%以上。

伊江上游——三大峡谷

缅甸人对于伊洛瓦底江有着深厚的感情，他们在此洗涤饮用，如同甘露。南北往来，它又是提供舟楫的最佳选择。这里也曾流传着众多佛教传说，虔诚信奉佛教的缅甸人认为这条大江中居住着无数神灵，所有的一切也都是神的恩赐，于是自古以来就将其视为"天惠之河"，对它十分崇敬。

伊洛瓦底江的上游共有三个峡谷，第一峡谷长60千米，第二峡谷长23千米，第三峡谷长27千米。三大峡谷中水深流急，而三个峡谷之间却存有一片开阔的平原，这种平原和峡谷交错分布的有趣现象在世界上是罕见的，这也不免成了伊洛瓦底江的一大奇观。

而对于一般的缅甸人来说，他们或许并不知道伊洛瓦底江的源头之一是在中国境内，被叫为独龙江。另外，从中国云南境内流入缅甸的瑞丽江，也是伊洛瓦底江上游左岸的重要支流。这两条河流都很短，但是这样的渊源关系却触发了众多诗人的才情。自古就有诗云"我住江之头，君住江之尾。彼此情无限，共饮一江水。……川流永不息，彼此共甘美……"。

早在公元前2世纪，伊洛瓦底江就被商民用来进行商业贸易活动，两国人民互相亲切地称呼为"胞波"。这条江水成了联系中缅两国人民发展的友谊之河。

伊江中游——曼德勒和蒲甘

伊洛瓦底江的中游是从曼德勒到第悦茂，这里有两个大山脉，由于山脉的阻挡作用，这一带成为全缅甸降水量最少的地区，再加上天气酷热，水分蒸发量大，使得该段有将近一半的河

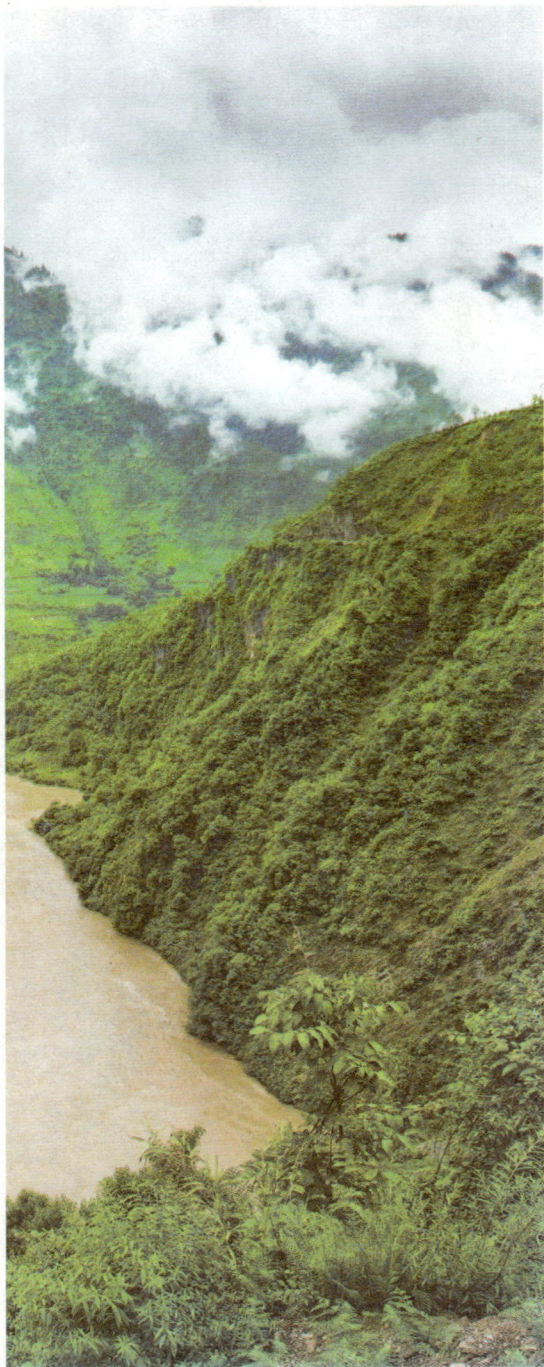

水被蒸发掉。而一旦有雨，往往就是急风暴雨，这造成中游的河水泥沙含量大增，平均每年有2亿多吨的泥沙被带入下游地区，于是该江沿岸成了世界上水土流失最严重的地区之一。

谷地是伊洛瓦底江中游历史最悠久的地区，其中最著名的是曼德勒和蒲甘。曼德勒是缅甸古都和民族文化中心，全国第二大城市。它的地理位置适中，是缅甸的心脏部分，而从它身边蜿蜒而过的伊洛瓦底江就是一条延续民族生命的动脉。1857年，缅甸最后一个王朝在这里建都，敏东国王给它赐名为"亚得那崩"，意为"万宝之城"。

曼德勒城北有一座曼

德勒山，高约300米。它旧称罗刹女山，相传2000多年前，佛祖宣扬佛法时曾路过此地，并预言说："2400年后，这里必会出现一座繁华的大城。"因为佛祖的登临，曼德勒山也因此成了圣山。

伊江下游——富饶的三角洲

说过上游和中游，接下来就是下游了，伊江的下游是富饶的三角洲。从地图上看，三角洲上的水系就像散落分开的线条，每条线都笔直地伸向安达曼海。三角洲东西宽约242千米，南北长约90千米，面积约有3万多平方千米，类属现代冲积平原。这一带地势低下平坦，千里奔腾而来的伊洛瓦底江每年带来近3亿吨的泥

沙，使得三角洲向外伸延的速度快得惊人。据测量，三角洲约以每年66米的速度在扩张。

说到弊和利，伊洛瓦底江中游严重的水土流失，到了下游的三角洲得到了补偿，换来了一个缅甸人口最稠密、经济最发达的地区。该地区的种植面积占据全国的一半，同时产出的均是缅甸的主要出口商品，并换来了大量外汇。第二次世界大战以前，缅甸一直是世界上稻米出口最多的国家，著有"稻米国"之称，而伊洛瓦底江三角洲是缅甸的稻米第一中心，更是享有"缅甸谷仓"之盛誉。

延伸阅读

柚柞的故乡是缅甸，其号称"树木之王"，又被誉为"缅甸之宝"，过去被缅甸封建王朝定为皇家木料，曼德勒皇宫所使用的全是柚木。在曼德勒市区南方约11千米处，有一座建于1851年的大桥，全长1200米，由1086根实心柚木搭成，以一个"之"字形跨越陶塔曼湖。在几百年的时间里，该大桥承受住了大水的强烈冲击，一直完好无损的保存到现在，并安然保护了湖两岸的百姓生生息息。

约旦河——历史圣河

约旦河小档案

河流总长：300千米

流域面积：1.8万平方千米

发源地：赫尔蒙山

河流注入：死海

在世界各大名河中，约旦河或许是最不出名的，它不长的流程更使得它毫无气势可言。是的，约旦河作为一条河流来说，

全长只有300千米，流域面积也只有1.8万平方千米，既不波澜壮阔，也不气势磅礴，如果是与中国的河流相比，它只能落入无名之河。但是偏偏在中东这片视水如油的土地上，约旦河显得尤其的珍贵和出名。

难得珍贵的河流

约旦河这个落入世界角落的无名河流，在以色列和巴勒斯坦境内却是流程最长的河流。在以巴国家之间的历史恩怨中，约旦河所担任的重要性和知名度是可想而知的。

约旦河有三个大的源头，哈慈巴尼河是它的西源头，但河为中源、班尼亚斯河是东源。在这三个源头中，西源和中源都是发源于戈兰高地最高峰西侧，而东源则发源于赫尔蒙山的东侧。

这三条大的支流在各自流经范围内流动，然后于胡拉盆地北侧汇集，合成后流经一个峡谷，又穿过加利利湖，河水从加利利湖的南边流出，并最终与约旦的最大支流叶尔穆克河交汇。

约旦河——这条珍贵的历史圣河流传着许多古老美丽的故事。传说约旦河有治病的功效，犹太人的祖先约书亚曾经率众人渡过约旦河，来到现在的巴勒斯坦地区。约书亚是古以色列人的民族领袖摩西的助手和接班人。

摩西在约书亚的协助下，带领以色列人在旷野流浪了40年，最后来到了约旦河边。这时的摩西已经是一位老人，他死前指定约书亚为继承人。

约书亚在摩西死后，带领众人，在上帝耶和华的帮助下，安全渡过了约旦河。河床在众人将要过河的时候变成了干地，直到所有人都顺利过完。这是一个赞美约旦河美好的传说。

一个恍如隔世的世外桃源

班尼亚斯是约旦河的主要源头之一，班尼亚斯河因发源地位于班尼亚斯村而得名。这个村子坐落于通往大马士革的古代商道上，这一带是难得的好地方，置身这里，仿佛置身于冰清玉洁的世外桃源。

这里山清水秀，芳草萋萋，树木郁郁葱葱，有随风摇曳的杨柳，有高大壮硕的梧桐，挺拔直立的枣椰树、胡桃树和无花果树更是处处可见，巨大的伞形树冠和稠密的树叶投下大片阴凉，清澈的泉水叮叮淙淙，好似演奏着美妙的音乐。真是一个绝美的地方！

班尼亚斯村地处赫尔蒙山南麓，在希伯来语中，有"禁地"

之意，意思是只有上帝才能涉足。在班尼亚斯北边，有一处灰红色的悬崖，悬崖西端有一个高大的洞穴。

据《圣经》记载，耶稣当年就曾来到这个山洞附近，把通往天国的钥匙交给了他的大门徒彼得。或许是由于这个原因，班尼亚斯源头成了基督教古迹，每年都会迎来很多来朝觐的人们。

班尼亚斯还有最值得一提的一处美景，就是这里的瀑布。在短短3.5千米的距离内，班尼亚斯河水流落差达到190米，因此造就出了许多至美的瀑布，它们层层叠叠，蔚为壮观。

来到这里，到处可见的就是一条条湍急的水流从几米或几十米高的峭壁上飞流直下，幻化出一片片白茫茫的水雾，飞溅起来的浪花，更是给游人带来了阵阵凉意和数不尽的兴奋。

世上一条独一无二的河

约旦河虽然是一条无名小河，但是它却有着世界上任何一条河所没有的声誉。就如一位老人所说："世上没有一条河像约旦河那样，它的名字在如此长久的时间内、在如此宽广的地域上，停留在如此多人的嘴边。"

是的，约旦河所带来的影响已经深深地渗透到这里的历史和文化之中。

幽幽圣河流淌不息，流走了无数岁月，却把一个个家喻户晓的宗教文化故事沉淀了下来。约旦河两岸丰厚渊源的历史、宗教、文化遗迹，优美旖旎的风光，无不像磁石一样在吸引着人们前去探访和游历的脚步。

约旦河发源地——戈兰高地的赫尔蒙山，海拔高达1860米，冬天是一幅白雪皑皑的样子，美丽的雪色在灼热的阳光下绽放，熠熠生辉，好不美丽！

戈兰高地是以色列降雨量最多的地方，从这里流出的河，一

路上为干旱的大地送去了甘霖般的清泉，滋润了肥美丰沃的农田。这是怎样一条富有生机的河流啊！

耶稣、圣河传说

加利利湖是约旦河流经的一个湖泊，它是以色列最大的淡水湖，这里的淡水资源占以色列国内用水量的一半以上。加利利湖也是一个被《圣经》眷顾的湖泊，这里和约旦河一样盛产着宗教传说。自古素有耶稣"第二故乡"之称，宗教故事不胜枚举，诸如"传道收徒迦百农""五饼二鱼救众生""八福山上巧论道"，等等。

约旦河流出加利利湖后，沿着约旦和以色列边境最后流入死海。在约旦河流入死海前，要跨过两座桥，它们是阿伦比桥和阿卜杜拉桥。相传当年耶稣就曾在两桥之间的地方接受过洗礼。作为耶稣接受洗礼的河，约旦河自然成了基督教徒心目中的圣河，而耶稣接受洗礼的地方也就成了圣地。

延　伸　阅　读

洗礼这个仪式对于基督教徒来说意义非常重大。洗礼时氛围很庄严，前来朝圣的基督徒们一个个身着白色长袍，伫立在岸边，跟随着牧师念诵经文，而后将身子整个浸泡在约旦河水里。受到清洗的人会感到身心受到荡涤，好像真的脱胎换骨了一般。

长江——中国第一河

长江小档案

河流总长：6397千米

流域面积：180万平方千米

发源地：青藏高原唐古拉山

河流注入：东海

长江，中国第一大河，亚洲第一长河，世界第三长河。长江一直以来就被冠以如此显要的荣誉。长江全长6397千米，流域总

面积180万平方千米，年平均入海水量约9600亿立方米。其庞大的水量在世界上位居第三。长江发源于青藏高原唐古拉山的主峰格拉丹冬雪山，它源远流长，孕育了古老的华夏文明和中华民族，哺育了一代又一代的中华儿女，和黄河一起被并称为"母亲河"。

中国第一河

长江流域从西到东约3219千米，由北至南约966千米。源于唐古拉山脉主峰格拉丹冬西南侧。这里冰川广布，冰川的冰雪融水就是长江的源头。从长江源头到入海口，可分为三大段：自四川宜宾以下始称为长江；湖北宜昌以上为长江上游；宜昌至江西湖口为长江中游；从湖口至入海口为长江下游。

长江河道非常曲折，尤其是自湖北枝江到湖南城陵矶一段，古称荆江。这里素有"九曲回肠"之称。河水由于流速缓慢，泥沙淤积过多，所以每当汛期来临时，这里就极易溃堤，造成河水泛滥。因此自古就有"万里长江，险在荆江"的说法。

自宜昌到芜湖一段，河流两岸湖泊极多，其中以洞庭湖和鄱阳湖为最大。洞庭湖是长江的天然水库。江水流入江苏后，因受山势所阻，转向东北绕过宁镇山地。到达镇江以后，河水折向东南，进入三角洲地区。这里地势平坦，湖泊星罗棋布，水道交织似网，是一片美丽的水乡景象。

纵观长江两岸，名山大泽遍布，风光秀丽，游览胜地更是颇多。河流由于流程长，流域广，所经地区土地肥沃，灌溉便利，中游素有"天府之国"之称，下游也不例外，物产丰富，被冠以"鱼米之乡"。

长江河流简介

长江上游河段横跨两个地形阶梯，长4529千米，占长江长度的72%。流域面积100.6万平方千米，占总流域面积的55.6%。河

流流经于第一阶梯——青藏高原腹地内。因在高原顶部，河谷开阔，河槽宽浅，一般河宽300米~1700米，河道蜿蜒曲折，水流缓慢散乱，汊流很多。从巴塘河口到宜宾称金沙江，是第一至第二阶梯的过渡地段。这里山谷高深，地形突变，除局部河段为宽谷外，其他多穿行于峡谷之中，比降大，河水湍急。

河水之后转向东北方向，经过著名峡谷——虎跳峡。该峡谷峡长16千米，最窄处仅30米，陡峭峻立，极为壮观。出虎跳峡后，穿越云贵高原北部，进入第二阶梯。在这里，河道蜿蜒于四川盆地之内，河床平缓，沿途接纳了沱江、嘉陵江和乌江等众多支流，水量大增，江面展宽。并在之后的流程中，形成了举世闻名的长江三峡，长约200千米，峡谷与宽谷相间排列。

河流的中游段是自长江出三峡从宜昌以下，进入第三阶梯的长江中下游平原。此段江面很宽，水流缓慢，河道弯曲，长927千米，占长江长度的14.7%。流域面积67.9万平方千米，占流域面积37.6%。这段流程中，长江接纳了外来支流的水量后，河水猛增一倍以上，更为宽阔。

河流的下游河段，水深江宽，从湖口到入海口，长844千米，占长江长度的13.3%。流域面积12.3万平方千米，占流域面积的6.8%。这一带的长江干流又被称为扬子江，这得名于古代的扬子津和扬子县。河水在大通以下受到潮汐影响，使得入海流量的水量大增。另外，这里由于海水倒灌，江水流速减缓，所携带的泥沙便在下游河段堆积起来，在江心处形成了数十个大小不一的沙洲，其中最大的是崇明岛。

长江流域的古老文化

　　长江流域是人类居住时间最长的地区之一。这里包含了太多人类遗迹的遗址，尤其是在太湖周围。长江上游河段除成都平原外，东至三峡地区，西南至安宁河、雅砻江流域，都有遗址发现。其中最著名的属巫山大溪文化遗址，经1959年和1975年两次发掘，共发掘墓葬214座，出土器物有石斧、石镜、石凿、网坠、鱼钩、箭链、纺轮等生产工具，另外还有斧、罐、曲腹杯、碗等生活用具，耳坠、扶等生活装饰品等被发现。它们的出现分别代表了新石器时期从中期到晚期两个不同的发展阶段。

　　长江中游的新石器时代遗址更是几乎遍布整个江汉地区，其中尤以江汉平原分布最密。仅湖北已发现的新石器时代遗址就有450多处，经发掘和试掘的有60多处，多集中分布在汉江中下游和长江中游交汇的江汉平原上。这些被发掘的文物，显示了当时已经具有了农业、畜牧业相当的发展，且文化影响范围甚广。1989年江西新干出土的大量商代的青铜器、玉器、陶器，距今约3200多年。这些陶器颇具明显

的南方特色，具有十分高的含金量，科学价值更是很大。

长江下游的新石器时代文化序列可以河姆渡文化、马家洪文化和良渚文化为代表。在1973年前后，曾先后两次发掘，出土的珍贵文物约有7000余件。出土的有成堆的稻谷、稻壳遗存，这是目前世界上发现的年代最早的人工栽培稻，它证明了我国早在6000年~7000年前就已经掌握种稻技术。同时，出土的还有大量"骨耜"，证明当时已脱离了"火耕"，开始用骨耜翻地；还出土了大片木构建筑，是迄今已知最早的"干栏式"木构建筑。

长江流域孕育了古老的中华文明，哺育了一代又一代生生不息的华夏儿女，其所蕴含的经济价值更大，在多方面发挥了至关重要的作用。

延 伸 阅 读

长江流域得到比较良好的灌溉，年平均降雨量约1100毫米。雨多半是由季风带来，主要在夏季月份降落。在流域山区部分，多半降水以雪的形式出现。流域中下游季风雨造成的洪水通常始于3至4月间，持续约8个月；5月水位会有所下降，但很快又会升高，可一直持续上升到8月，达到最高水位；之后水位就会逐渐回落到季风到来前的水平，并一直延续到第二年2月，此时达到一年中的最低水平。

黄河——中国的母亲河

黄河小档案

河流总长：5464千米

流域面积：752443万平方千米

发源地：巴颜喀拉山

河流注入：渤海

黄河作为孕育了中华民族上下几千年的文明历史的母亲河来说，具有相当高的民族地位。它给河流两岸的人类文明带来了很大的影响，是中华民族最主要的发祥地之一，被中国人民视为"母亲河"。

黄河是中国第二长河，世界第五长河。它全长5464千米，流域面积752443平方千米，是中国境内仅次于长江的河流，它发源于青海省巴颜喀拉山，成"几"字形流经青海、四川、甘肃、宁夏、内蒙古、陕西、山西、河南及山东九个大省。由于河流中段流经中国黄土高原地区，因此夹带了大量的泥沙，所以它也成为世界上含沙量最多的河流之一。

中国的母亲河

黄河，仅次于中国长江的第二长河，从河源到内蒙古托克托

县的河口镇为河流的上游，河道长3472千米，落差3496米，流域面积38.6万平方千米，占全河流域面积的51%。

本河段水多沙少，是黄河的清水来源，蕴藏着丰富的水力资源。该河段中途还汇入43条较大的支流，流域面积占到1000平方千米以上。

另外，上游河道因受阿尼玛卿山、西倾山、青海南山的控制，呈现出S形弯曲。黄河上游根据河道特性的不同，又可分为河源段、峡谷段和冲积平原三部分。

从河口镇到河南郑州桃花峪为中游，长1206千米，落差890米，流域面积34.4万平方千米，占全河流域面积的46%。这段河流共汇入30条较大支流，水少沙多，区间所增加的水量占黄河水量的42.5%，增加的沙量占全黄河沙量的92%，为黄河泥沙的主要来源。河口镇至禹门口是黄河干流上最长的一段连续峡谷——晋陕峡谷，河段内支流绝大部分流经黄土丘陵沟壑区，水土流失严重，是黄河粗泥沙的主要来源。

这段河流比降很大，水力资源相对丰富，是黄河第二大水电基地。峡谷下段还有著名的壶口瀑布，枯水水面落差约18米，气势极为宏伟壮观。

黄河的下游段则是自桃花峪以下至河口的河段，这段河长786千米，落差94米，流域面积2.2万平方千米，占全河流域面积的3%。由于上、中游所带来的大量泥沙，使得下游河段长期淤积，形成了举世闻名的"地上河"。

这段河流除大汶河由东平湖汇入外，没有其他较大支流汇

入。历史上，下游河段决口泛滥频繁，给中华人民带来了深重的灾难。

另外，凌汛也给堤防带来影响，威胁极为严重。这段河段两岸修有堤防工程，是黄河防洪的重点河段。

黄河流域的地理环境

黄河流域从河源至贵德多为山岭及草地高原，属青藏高原，海拔均在3000米以上，山峰超过400米，源头河谷地海拔4200米，河源段河谷两岸地形由于平缓排水不畅，形成了大面积的沼泽地，多湖泊。

贵德自孟津江段是黄土高原地区，黄土高原为吕梁西坡，南为渭河谷地，北与鄂尔多斯高原相接，西至兰州谷地。黄土高原

海拔一般在1000米~1300米，地貌起伏不平，坡陡沟深，沟谷面积占40%~50%。

自孟津以下就进入了地势低平的华北平原，这里海拔不超过50米，进入下游后河道平坦，水流变缓，淤积了大量泥沙，高出地面4米~5米。

黄河周围土地的地理环境适宜植被的生长与人类生产生活活动的开展，高出约2℃的气候环境为农作物和植被的发展创造了优良的条件。

如《孟子·滕文公上》曾记载黄河流域"草木畅茂，禽兽繁殖"，关中平原秀丽风光的描述直到中国战国时期依然有着"山林川谷美，天才之力多"等诗句。

黄河的古老历史发展

黄河远在远古时期，是一片气候温和，雨量充沛，适宜原始人类生存的地方。土质疏松，易于垦殖的黄土高原和黄河冲积平原，也是适于原始农牧业的发展。

早在110万年前，"蓝田人"在黄河流域生活。另外，还有"大荔人"、"丁村人"、"河套人"等，他们在流域内世世代代繁衍生息。他们创造了古老的文明，也留下了古老的文化遗址。这些古文化遗迹不仅数量多、类型全，而且是由远至近延续发展的，系统地展现了中国远古文明的发展过程。

早在6000多年前，流域内开始出现了农事活动。并在之后的2000年间，流域内形成了一些血缘氏族部落，后来又衍生了"华夏族"。如今，世界各地的炎黄子孙，都把黄河流域认作中华民族的摇篮，称黄河为"母亲河"，为"四渎之宗"，视黄土地为自己的"根"。

从公元前21世纪夏朝开始，历代王朝纷纷在黄河流域建都，时间延绵3000多年。如中国历史上的"七大古都"，在黄河流域和近邻地区的就有四座。

另外，历时千年的"八水帝王都"和历时900多年的"九朝古都"也都建立于黄河流域。

公元前2000年左右，流域内就已出现青铜器，到商代青铜冶炼技术已达到相当高的水平，同时开始出现铁器冶炼。另外，中国古代的"四大发明"——造纸、活字印刷、指南针、火药，也都产生于黄河流域。

从诗经到唐诗、宋词等大量文学经典，以及大量的文化典籍，也都产生在这里。悠久的黄河流域历史，为中华民族留下了无数名胜古迹，留下了十分宝贵的文化遗产。

黄河流域所存在的问题

古老的黄河流域虽孕育了中华民族上下几千年的文化，但本身却也存在着一些问题，比如说河水断流或是水土流失。由于黄河流域在很长一段时间内一直是中国文明的中心之地，加之以古代中国重农轻牧的现象，使得黄河流域植被破坏成为了长期、大量的现象。

随着植被的破坏，黄土高原开始受到黄河的侵蚀而被卷走大量的土壤，形成千沟万壑的地表形态。加上黄土本身的结构松散，助长了水土流失，使大量泥沙进入黄河。另外，人类无限制地开垦放牧，使得森林遭到毁灭，绿色植被遭到严重破坏，水土流失更是严重。而如何解决这一问题成了现在人们的首要任务。

如果人们都能明白并做到合理规划利用土地，禁止乱砍滥伐，同时大量修筑水利工程。这样数管齐下，最终一定能防止水土流失，还黄河一个完整的面貌。

延 伸 阅 读

黄河的诗歌——《黄河颂》：《黄河颂》是《黄河大合唱》其中的一个乐章，它由序曲、主体、尾声三部分组成。词作者是光未然，曲作者是冼星海。诗人采用象征的手法表面上歌颂黄河，实际上是歌颂我们的民族，激励中华儿女要像黄河一样"伟大坚强"，以英雄的气概和坚强的决心保卫黄河，保卫中国。她歌颂了黄河的气势宏伟，历史的源远流长。

多瑙河——蓝色的梦幻

多瑙河小档案

河流总长：2860千米

流域面积：81.6万平方千米

发源地：德国南部

河流注入：黑海

蓝色梦幻——多瑙河，是欧洲第二大河，全长2860千米，流域面积81.6万平方千米，共有大小支流300多条。蓝色多瑙河发源于德国西南部黑林山东麓，向东流经德国、奥地利、斯洛伐克、

匈牙利、南斯拉夫、保加利亚、罗马尼亚和乌克兰，最终在罗马尼亚苏利纳附近注入黑海。

美丽的蓝色多瑙河

美丽的蓝色多瑙河在欧洲仅次于伏尔加河，是第二长河，它像一条巨美的蓝色飘带蜿蜒在欧洲的大地上。它是世界上干流流经国家最多的河流，途中共流经8个国家。

该河流从河源到"匈牙利门"为上游，长约966千米。它的源头有布列盖河与布里加哈河两条小河，从茂密的森林中跌宕而出，途中沿巴伐利亚高原北部，经阿尔卑斯山脉和捷克高原之间的丘陵地带流入维也纳盆地。多瑙河在途中接纳了几条源自阿尔卑斯山融雪的支流，水量大增。

上游所流经的多为山区，河道狭窄，河谷幽深，两岸多峭壁，水中更是多急流险滩，是一段典型的山地河流。上游河水主要依靠山地冰川和积雪融水补给，冬季水位最低，暮春盛夏冰融雪化，水量迅速增加，一般在6月~7月达到最高峰。另外上游的水位涨落幅度也较大，例如，乌尔姆附近的枯水期流量平均仅有40立方米/秒，而洪水期流量平均竟达480立方米/秒以上。

从维也纳到铁门是多瑙河的中游河段。中游河谷一般较宽，河床坡度不大，河道弯曲，多汉流。并在贝尔格莱德以东的喀尔巴阡山中，形成了全长130千米的峡谷，这里蕴藏着丰富的水力资源。自铁门以下至入海口则为下游。这里河段宽阔，水流平稳，航运业十分发达。

多瑙河畔的美丽城市

在多瑙河所流经的上游河段中，有一座最大的城市——累根

斯堡。累根斯堡是一座美丽无比的城市，城中到处是古老的教堂、达官贵人的邸宅和备有佳肴美酒的古老酒肆，在世界上堪称经典。

多瑙河流经的维也纳也是一座具有悠久历史的古老城市，并一直享有"世界音乐名城"的盛誉。这里山清水秀，风景绮丽，优美的维也纳森林伸展在市区的西郊，郁郁葱葱，绿荫蔽日。每到旅游盛季的6月，这里都要举行丰富多彩的音乐节。漫步在维也纳街头或公园座椅，到处都可以听到优美的华尔兹圆舞曲，一座座栩栩如生的音乐家雕像更是赫然耸立着，像是在诉说着这个城市的盛大与名望。

人们说，多瑙河是布达佩斯的灵魂，而布达佩斯则是匈牙利的骄傲。这座古城拥有迷人的风光，在这里更是可以领略到历史的变迁。布达佩斯被称为"多瑙河上的明珠"，它是由西岸的布达和东岸的佩斯两座城市，通过多瑙河上8座美丽的桥连为一体的。城内有许多古迹都建于城堡山，其中著名的渔人堡，是一座尖塔式建筑，结构简练，风格古朴素雅。站在这里，可以一览多瑙河上的美景和佩斯的异样风光。

国际名河——多瑙河

秀丽多姿的多瑙河，是一条重要的国际河流，它掌握着东南欧重要的交通大动脉。在很早的时候，人们就企图将这一充足富裕的资源利用起来，而事实也是这样发展的。

公元前7世纪，希腊的航海人曾到达多瑙河下游并溯流而上，进行了颇为活跃的贸易。他们将多瑙河命名为伊斯特尔河。后来多瑙河又被罗马帝国称作多瑙韦斯河。在中世纪期间，古要塞继续发挥着其重要作用。15世纪鄂图曼帝国从东南欧扩张到中欧

时，土耳其人就依靠多瑙河沿岸一连串的要塞作防御，并很快意识到了多瑙河的航运潜力。

1740年~1780年匈牙利和波希米亚女王玛丽亚·特蕾西亚曾设置一个专职部门来监督航运。1830年，多瑙河开始正式成为贸易渠道。1856年《巴黎条约》建起第一个多瑙河委员会，旨在将多瑙河当做一条国际航运水道来监管。1921年和1923年众多国家又相继批准了《多瑙河章程》。据此，国际间的多瑙河委员会便建成了广泛权力的权威机构，并拥有了自己的会旗。多瑙河自此开始了它的国际航运征程并发挥着日益重要的潜力作用。

延 伸 阅 读

多瑙河畔的塞尔维亚首都贝尔格莱德也是个至美的城市，有"白色之城"的称呼。它坐落于多瑙河与萨瓦河的交汇处，碧波粼粼的多瑙河穿过该市区，把整个城市一分为二。贝尔格莱德附近是多瑙河中游平原的一部分，是全国最大的农业区，素有"谷仓"之称。该农业区生产的小麦和玉米占全国的2/3，同时，它还是全国甜菜、向日葵和水果的重要产地。贝尔格莱德是塞尔维亚最重要的工业中心和水、陆、空交通枢纽，也是全国重要机械制造中心。

伏尔加河——母亲之河

伏尔加河小档案

河流总长：3530千米

流域面积：136万平方千米

发源地：俄罗斯西北部瓦尔代丘陵

河流注入：里海

生命母亲之河——伏尔加河是欧洲最大河流，它发源于俄罗斯联邦西北部的瓦尔代丘陵，自北向南曲折流经俄罗斯平原的中

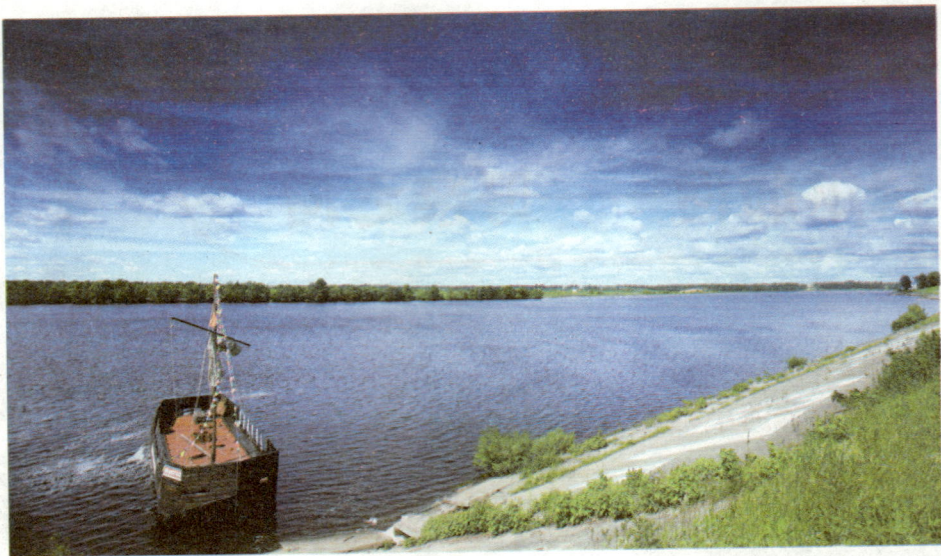

部，注入里海。全长3530千米，流域面积136万平方千米。它在欧洲发挥着无可替代的作用，长期以来，它滋润着沿岸数百万公顷肥沃的土地，养育着约7000万俄罗斯的各族儿女。人们企图用最美好的诗词来赞美她，人们尊称她为"母亲河"。

壮美尊贵的母亲河

小时候课本上一幅《伏尔加河上的纤夫》的图画，描绘出了纤夫的辛苦，更向世人展示了伏尔加河的壮美。伏尔加河，是俄罗斯民族和文化的发祥地，作为俄罗斯的母亲河，她始终在博大的奉献她作为母亲的爱。从古至今，她都在用甘甜的乳汁哺育着她的儿女，人们常说伏尔加河是一条富饶的河流。这是不争的事实，伏尔加河沿途流经的数百万公顷的肥沃土地，孕育产生了源远流长的俄罗斯文化，创造出了数不尽的物质财富和精神财富。这是一种骄傲，更是一种感激。

伏尔加河的源头在俄罗斯西北部的瓦尔代丘陵。起初的伏尔加河还只是一条在森林中穿梭的小溪，当它蜿蜒曲折地向南流过平原地带的时候，却神奇般的融汇了7000多条支流，最终变成了一条流域面积达到140万平方千米，全长3530千米的世界大河。这是一种传奇，更是一种力量。

伏尔加河上的流域地貌

伏尔加河流域位于俄罗斯平原中部，自西向南倾斜，北部和西部略为隆起。北部和西北部，在古代冰川区域内分布着大量湖泊，一般都不大，其中最大的有白湖和谢利格尔湖。流域北面与波罗的海、白海及巴伦支海各流域为界，东北及东面以乌拉尔山脉和喀拉海各河流域为界，东南与乌拉尔河流域为邻，西面及西南与第聂伯河、顿河流域毗连。

伏尔加河流域，结晶岩基底全被沉积岩所覆盖，流域内海拔

低于200米的低地约占65%，丘陵占35%。丘陵高度200米~250米，300米以上的很少。

伏尔加河流域盆地约138万平方千米，西面从瓦尔代丘陵和中俄罗斯高地延伸至东边的乌拉尔山脉，南边在萨拉托夫突然变窄。自卡梅申地区至河口约644千米的河段内，没有接纳任何的支流。在窝瓦盆地内分布有4个地理带：茂密而潮湿的森林带，从上游伸展至下诺夫哥罗德和喀山；森林大草原，从下诺夫哥罗德和喀山伸展至萨马拉和萨拉托夫；大草原，从萨马拉和萨拉托夫伸展至伏尔加格勒；半荒漠低地，向东南伸展至里海。

伏尔加河上的气候问题

伏尔加河流域大部分为大陆性气候，流域上中游和下游右岸属森林气候；下游左岸属草原气候和半荒漠气候；里海低地则属荒漠气候。伏尔加河水源多来自高山融雪，占年排水量的60%、地下水占30%、雨水占10%。

伏尔加河盆地气候，从北至南变化很大。从源头至卡马河口属温和气候带，特点是冬季寒冷、多雪，夏季温暖而潮湿。从卡马河至窝瓦山下方，夏季炎热、干燥，冬季寒冷，但很少降雪。河流愈向南和东，温度愈增，而降水量愈减。

伏尔加河流域河网十分发达，在北纬50°以南，伏尔加河实际没有支流汇入。伏尔加河年径流的最大量发生在春季。在雅罗斯拉夫尔，春季径流平均占年径流量的54%，切博克萨雷占60%，古比雪夫和卡梅申占64%。夏季和秋季伏尔加河下游的径流为年径流的20%~25%，10月~11月会稍有增加。伏尔加河的径流量，随着主要支流的注入而稳定增长。

伏尔加河的冻结是自上而下的，解冻的方向则相反。封冻期变动在上游到下游之间。从11月末到12月中封冻，至4月初到4月中解冻。

伏尔加河上的文化

伏尔加河不愧是一条富饶的河流。在它的沿途，分布了俄罗斯举世闻名的城市。这些城市无论在经济上还是在文化上，都有着令人仰慕的辉煌。比如"英雄城市"伏尔加格勒，原名叫斯大林格勒，因为曾经是第二次世界大战中的斯大林格勒大会战的战场，所以那里历来就是世界各地爱好旅游的人争相前往的地方。

伏尔加河也形成了巨大的三角洲，在三角洲上聚集有俄罗斯著名的渔业基地、著名的港口阿斯特拉汉。阿斯特拉汉是一个鸟类群飞的地方，那里有世界上重要的鸟类研究中心。据说那里生活着上百种珍稀水鸟，如白天鹅、黑天鹅等。自然优美的景色，使得它也成为了一个著名的旅游度假胜地。

在伏尔加河所经历过的黑暗年代，有无数的纤夫，正如那幅

世界瞩目的油画——《伏尔加河上的纤夫》一样，在伏尔加河畔撒下了辛劳的汗水，为伏尔加河的航运做出了杰出贡献。那时的伏尔加河没有得到很好的开发利用，河中有许多不利于航运的浅水滩，再加上没有现代化的航运设备，因此伏尔加河畔留下了纤夫们痛苦的血泪。

而如今的伏尔加河一改旧日模样，焕然一新。现在的伏尔加河上共修建了14座大型水利枢纽，这些水利枢纽可以让2万吨~3万吨级的顶推船队和5000吨级的货轮通航。除此之外，人们还修建了连接伏尔加河和波罗的海的运河，以及伏尔加河到顿河的运河，这些运河在俄罗斯的内陆航运上发挥着至关重要的作用。这些运河使得俄罗斯成为国际航运的交通要道，促进了俄罗斯与世界各地的文化交流。

伏尔加河孕育了如此悠久的俄罗斯文化，又养育了无数勤劳的俄罗斯人，她真不愧为俄罗斯的母亲河。

延 伸 阅 读

2011年7月10日下午，一艘名为"布加尔"号的客轮在俄罗斯鞑靼斯坦共和国境内的伏尔加河沉没，事发时"布加尔"号客轮共有185人。据俄罗斯国际文传电讯社援引救援人员所说，他们在10日沉没的游船上发现了大约110具遇难者的遗体，其中包括30名儿童。

泰晤士河——英国的摇篮

泰晤士河小档案

河流总长：340千米

流域面积：1.5万平方千米

发源地：科茨沃尔德山

河流注入：北海

和中国的母亲河黄河一样，泰晤士河也被英国人视为"国家的摇篮"、"国家的母亲河"。因为它在英国历史上确实起到了有如母亲一样的重要作用。泰晤士河是英国最长的河流，它发源于英格兰的科茨沃尔德山，河水从西部流入伦敦市区，最后经诺尔岛注入北海。全长有340千米，通航里程为309千米。该河流自伦敦桥开始，河床加深，河面也大大变宽，伦敦桥一带河宽为229米，到格雷夫森德宽达640米。

有关河流的解析

泰晤士河是英国最大的一条河流，河水网较复杂，支流众多，其主要支流有彻恩河、科恩河、科尔河、温德拉什河、埃文洛德河、查韦尔河以及达伦特河等。泰晤士河流域多年平均降水量704毫米，多年平均径流量18.9亿立方米。洪水多发生在冬季，

枯水多出现在夏季。

泰晤士河水位稳定，冬季通常不结冰，有许多运河与其他河流相通，航运条件很好。干流从西伦敦特丁顿坝以下为河口段，长99千米，海轮可乘潮上溯直达伦敦。泰晤士河具有多种功能，但存在水资源紧张、水污染及防洪防潮等水利问题。

泰晤士河供水系统每年都要向1300万人、2000万人次的旅游者，以及工业企业提供稳定可靠的水源。泰晤士河现有自来水厂94个，其中总供水量的51.3%取自泰晤士河，8.1%取自里河，另有40.6%来自开采的地下水。为了提高供水能力，泰晤士河流域内又连续修建了山丘区水库和平原区水库，其中调剂伦敦地区用水的有11座水库，总调蓄水量可供伦敦市用100天。

从伦敦市中心穿过的泰晤士河，使伦敦成为世界上不可多得的一大良港。同时，伦敦地处地中海与波罗的海中途，从而成为那一地区最理想的商业港，这无疑促进了伦敦的繁荣。

名副其实的"宽河"

泰晤士河在塞尔特语中的意思是"宽河"。而现实中的泰晤士河也正是名副其实的宽河，是连接大西洋的重要方便通道。泰晤士河在从西往东的流经过程中，穿过了牛津和伦敦等众多文化名城。有人赞美泰晤士河说，"没有泰晤士河就没有伦敦"；而英国作家丁·皮尔则说"泰晤士河造就了英国历史的精华"。

或许当你见识到了泰晤士河的壮观与健美，你就会认同人们对泰晤士河的评价，因为泰晤士河的确是一条阅尽了英国历史沧

桑的大河。当你坐着船沿着泰晤士河畅游，就感觉如同进入了一个时间隧道，一路过去，到处是英国的历史名城。泰晤士河两岸的旅游胜地更是让人目不暇接。

如果从泰晤士河河口逆流而上，首先看到的就是有着悠久历史的格林威治，那里有举世闻名的古天文台。另外，格林威治还有英国国家海军学院，每年这里都会培养出大量优秀的海军军官。

泰晤士河上的建筑

说起泰晤士河畔的建筑，怎么能漏却河畔上众多的闻名桥梁。当你沿着泰晤士河往前直走，很快就能看见泰晤士河上最具标志性的一座桥梁——塔桥。这座塔桥是英国首都伦敦的标志，风格独特，气势磅礴，在两个巨大的桥墩上建有5层楼的高塔。

塔桥的设计十分合理，上层支撑着两侧的桥塔，下层桥面可以开合，合起来桥上可通车，打开时河面上可行船，堪称是世界桥梁建筑史上的奇迹。

有话说，见桥如见城。因为往西过桥不久，看到的就是伦敦市区。一旦到了伦敦市区，即使是坐在船上，都能看见鳞次栉比的现代高楼大厦和古老的皇家宫殿，这些建筑物并列在一起体现出了一种古今融合的感觉。沿着河岸，英国的一些著名建筑便会依次争相进入你的眼帘，如伦敦塔、索思瓦克大教堂和圣保罗大教堂等古建筑都倚水而立，向游人们高傲地展示着它们各有千秋的艺术风格。

说过塔桥，就要说说泰晤士河上资格最老的桥，伦敦桥了。

伦敦桥始建于公元963年，它原是一座木桥，两个世纪后被改为石桥，当时已是沟通南北两岸的唯一通道；后来，石桥又几经磨难，于19世纪初期被改建为五拱的花岗岩桥；再后来有了更坚固的桥，伦敦桥应付不了日益繁忙的交通压力，便被搁置不用了。最后这座废桥被一位英国绅士变成了无价之宝，当做古董卖给了美国亚利桑那州哈瓦苏湖城的地产商。美国人把这座桥的构件逐一编号拆卸，用巨轮运至美国，再按原样在哈瓦苏湖上把它重新砌筑起来，又几经修饰，最终成为了一个别开生面的旅游点，名曰"小伦敦"。

延 伸 阅 读

　　据研究，在数百万年前，泰晤士河已经沿现有河道路线流动，即途经牛津、伦敦等地而到达伊普斯维奇市流入北海。在冰河时期末端，源头的冰层开始融解，大量冰水涌入泰晤士河，使河道进一步发展，从而成为今日的形态。而在一万二千年前，英国与欧洲大陆板块连接，而泰晤士河的源头据称是位处威尔士，一直流到莱茵河汇合。至后期大陆板块发生变动，源头因而有所改变，泰晤士河尽头也变成北海。

莱茵河——德国的父亲河

莱茵河小档案

河流总长：1320千米

流域面积：22.4万平方千米

发源地：阿尔卑斯山脉

河流注入：北海

　　莱茵河是欧洲的一条著名大河，全长1320千米，发源于瑞士境内的阿尔卑斯山脉，途中流经瑞士、列支敦士登、奥地利、德国、法国、荷兰等6个国家，最终在荷兰的鹿特丹附近注入北海。莱茵河流域面积22.4万平方千米，该面积内居住着4种不同语言的民族。

真正意义上的欧洲之河

　　有人说莱茵河是一条真正意义上的欧洲之河，这么说，当然是有足够道理的。莱茵河分上中下三部分，上游是从河源到瑞士的巴塞尔；中游从巴塞尔到德国的波恩；从波恩至入海口是该河流的下游。

莱茵河自古以来就是西欧的南北交通大动脉，同时也是世界航运最发达的国际河流之一。莱茵河通过多条运河与多瑙河、塞纳河、罗纳河、易北河等河流相通，形成了四通八达的水上航运网，面积覆盖了西欧最重要的工商业地区。莱茵河同世界上其他孕育了人类文明的大河一样，是成就欧洲文明乃至整个西方文明的一个重要源头。

在莱茵河的孕育下，有两个伟大的民族崛然而起，它们就是德意志民族和法兰西民族。

法国文豪雨果曾经这样盛赞过莱茵河："我最爱的河流是莱茵河。这条河，映照着整个欧洲的历史。"

欧洲的黄金水道

莱茵河作为欧洲重要的黄金水道，全年水量充沛，自瑞士巴塞尔起，通航里程达886千米。在莱茵河所构成的四通八达的水运网下，它所流经的都是欧洲的主要工业区，那里人烟稠密，资源丰富。其中德国的现代化工业区鲁尔就在它的支流鲁尔河和利珀河之间。

在鲁尔河和利珀河之间，通过4条人工开凿的运河和74个河港与莱茵河连成一体，重达7000吨的海轮可由此直达北海。莱茵河的航道修建得就像公路一样，每隔一定距离就有一块里程碑，上面均清晰地标注着千米数。

莱茵河这条健壮的河流不仅保证了鲁尔区的工业用水，同时还为鲁尔区提供了重要的运输条件。正是依靠着这种便利的运输条件，大批铁矿砂和其他矿物原料才能源源不断地从国外运到这里。

鲁尔工业区与荷兰内河航运网之间运输十分繁忙，每天船只来来往往，就像大街上的车水马龙，货运量居世界前列。

莱茵河畔的美丽城市

莱茵河两岸遍布着田园诗般的小城镇，一望无际的葡萄园，以及森林田野深处的农舍和古堡，风光无限。法兰克福至科布伦茨一段被认为是莱茵河最美的一段。

这段河流最精彩的部分，是散落于岸边的古堡和村镇。村镇明亮有致，而古堡却显得陈旧残破。

这些小镇都安静地守着各自的葡萄园，安详且静谧。不多的几幢建筑被打扫得干干净净，鲜艳的红色屋顶映衬着湛蓝的天

空，美丽得就像童话一样。

　　沿岸平缓的谷地里，更是隐藏了无数田园风光的小镇。处处都是美不胜收的景象。

　　在莱茵河畔有一座历史名城——吕德斯海姆，这是一座古色古香的小城，它以拥有一条中古时代的德洛塞尔小巷而闻名。如今，这座小城已成为旅游者必经之道。这里古老的建筑艺术、欢乐的节日气氛，无不令游客对此流连忘返。

最美丽的角落——四湖景

　　著名的四湖景是莱茵河最美丽的角落之一。四湖景是由于莱茵河宽阔的河面在绿洲分隔之下形成的，它曲折蜿蜒，潺潺流动，远远望去就像是一个串联的湖泊，美丽极了。

在美丽的四湖景周围，还有一处重要的古迹，它就是立于河岸小丘上的普法战争纪念碑。纪念碑最上端的胜利女神正张开双翅，就像在迎接普鲁士的胜利。纪念碑下是威廉皇帝、俾斯麦首相，以及战争中其他人物的塑像。两岸相伴的是有着传奇童话般的美景：美丽堡，美好岩碉堡；莱茵岩城堡、施特伦贝格城堡，在阴晴不定的天空里，远远望去，就好像是天边的童话，绝美至极。

莱茵河的美所混杂着的厚重与轻灵，历史与童话，人文与自然，深深地吸引着人们探索的脚步。莱茵河，它不愧是德国人的"父亲河"。

延 伸 阅 读

科布伦茨是座有2000多年历史的古城。在二战中遭受过严重破坏。主要的古老建筑集中在老城。德意志之角处在莱茵河和支流摩赛尔河交汇处的三角洲。这里是德国统一的象征，因此被称为德意志之角。在东西德统一后建有德意志首任国皇帝威廉一世铜制骑马雕像。沿三角洲是德国13个州的州旗。

塞纳河——巴黎的灵魂

塞纳河小档案

河流总长：766千米

流域面积：7.86万平方千米

发源地：郎格勒高原

河流注入：英吉利海峡

塞纳河被誉为是巴黎的灵魂，它是法国一条重要的河流，位于法国北部，源于东部海拔471米的郎格勒高原，流经巴黎盆

地，在勒阿弗尔附近注入英吉利海峡。河流全长约766千米，流域面积7.86万平方千米。它在巴黎的诞生及发展中扮演着重要的角色，是巴黎城的灵魂。

巴黎的灵魂——塞纳河

塞纳河是法国北部大河，是欧洲具有历史意义的大河之一，它的排水网络的运输量占法国内河航运量的大部分。自中世纪初期以来，它就一直是巴黎之河，巴黎这座美丽的城市就是在该河的一些主要渡口上建立起来的，所以河流与城市的相互依存关系是紧密而不可分的。

塞纳河是平原型河流，常年是满水状态，水位变化和缓，河水主要靠雨水补给。塞纳河的货运量居全国第一，主要港口有巴黎、鲁昂和勒阿弗尔。沿岸是法国经济发达区，有运河与莱茵河、卢瓦尔河等河相通。

塞纳河流域地势平坦，从巴黎到河口365千米，坡降只有24米，因此水流缓慢，利于航行。整个流域降水量为630毫米~760毫米，平均流量为280立方米/秒，夏季水位低，冬季水位高。河流上游建有几座水库，可调节流量，但主要是为了下游城市用水蓄水。塞纳河为巴黎居民提供着1/2的用水，另外，勒阿弗尔和鲁昂的3/4用水，也是来自塞纳河。

塞纳河——河流起源

在塞纳河全长766千米的流程中，所流经的巴黎盆地是法国最富饶的农业地区。塞纳河从盆地东南流向西北，到盆地中部平坦地区，流速慢慢减缓，最后形成曲河，穿过巴黎市中心。在这段河流上，有30多座精美的桥梁横跨于河上，两岸排列的高楼大厦，倒影入水，景色十分美丽壮观。

塞纳河的河源，距巴黎东南275千米处。在一片海拔470多米的石灰岩丘陵地带，一个狭窄山谷里有一条小溪，沿溪而上有一

个山洞。这是一个人工建造起来的洞口，洞口不高，门前没有栅栏。洞里有一尊女神雕像，披裹着白衣，半躺半卧，手里捧着水瓶，神色安祥，姿态优美。恬静的小溪就是从这位女神的背后悄悄流出来的。

据当地的高卢人传说，这位女神名塞纳，是一位降水女神，塞纳河就是以她的名字命名的。关于塞纳河名字的由来，还有一种说法，在距河源不远的地方有个镇，镇内有个小教堂，里面墙壁上图文并茂地记载说：这里曾有个神父，天大旱，他向上帝求雨，上帝被神父的虔诚所感动，终于降雨人间，创造一条河流，以保这里永无旱灾。这个神父是布尔高尼人，其名字翻成法文即"塞纳"，于是这个镇和教堂命名为"圣·塞涅"。故有人认为，塞纳河名字来源于这个神父。

塞纳河——自然特征

塞纳河从发源地到巴黎，河流流经一连串逐个年轻的沉积岩，填实构造盆地的同心地带，地带的中心就是紧紧环绕巴黎周围的法兰西岛的石灰岩台地。这一盆地的岩石都以巴黎为中心略呈倾斜，并具有一系列表面向外而间隔有较窄的黏土溪谷的石灰岩马头丘。

在巴黎以下，塞纳河下游的河道，按照影响盆地北部的结构性虚弱线的走向，大致沿西北方向入海。英吉利海峡在盆地的北面，打破了它的对称，打破了同心地带的完整性。塞纳河是在白垩地带入海的。

塞纳河盆地大多是由可渗透的岩石构成，岩石具有吸水能力，

这可帮助缓解洪水泛滥的危险。整个盆地的降水量适中，而且常年雨水分布均匀，仅是一些较高的南部和东部边缘地带会降些雨雪。塞纳河是法国最具有规律性的大河，也是最天然适航的河流，因为该河流盆地的地势没有太大的起伏不平，所以适于航行。

塞纳河——河上名桥

据说塞纳河上架着的桥，共有36座，每座桥的造型都有特点，而其中最壮观最金碧辉煌的是亚历山大三世桥了。这座桥以其独一无二的钢结构桥拱，将香榭丽舍大街和荣军院广场连接起来。建此桥是为庆祝俄国与法国的结盟，大桥两端四根桥头柱上镀金的雕像，由长着翅膀的小爱神托着，它的华丽造型和色彩在巴黎特别显眼。

新桥是最有名的桥，它名叫新桥，但实际上是最古老的桥。此桥长238米，宽20米，是巴黎塞纳河上最长的桥。桥有12个拱，每个拱上塑了不知名壮士的头颅。新桥横跨西岱岛，将河一劈为二。新桥建成后整整两个世纪，一直是巴黎的商业中心，桥上热热闹闹，文人创作热情更是高涨。

在距新桥不远处，有一座专为行人而建的以金属为主体的艺术桥。桥上种植着花木，桥栏杆上竖立着艺术家弗朗西斯·加佐的作品，有"塞纳河上花园"之称。站在艺术桥上，能看见桥北面的卢浮宫，桥南面的法兰西研究院，桥东是大法院，这里水天一色，壮美可观。

塞纳河就是在以其神奇的传说、壮美的景观向世人展示着它作为巴黎灵魂中"魂"的一面。

延 伸 阅 读

塞纳河上的西岱岛，是法兰西民族的发祥地。公元前300年时，岛上居住着一个民族，名叫巴黎西族。巴黎市由此得名。公元508年，法兰克人科洛维定都巴黎，建立墨洛温王朝。从此，西岱岛就成为封建时代王权和宗教的中心。岛上最著名的宗教建筑是1245年建成的"巴黎圣母院"，它被认为是第一个哥特式建筑。教堂可容纳9000人，是宗教活动中心。塞纳河右岸是巴黎市府，它与塞纳河上方的巴士底狱广场和河下方不远的协和广场并称为法国革命和自由的象征。1789年7月14日，巴黎人民摧毁了巴士底狱，资产阶级革命由此爆发。

尼罗河——非洲的母亲河

尼罗河小档案

河流总长：6670千米

流域面积：117万平方千米

发源地：布隆迪高原

河流注入：地中海

尼罗河是世界第一长河，同时也是埃及的母亲河。它在阿拉伯语中是"大河"的意思，源于非洲东北部布隆迪高原，纵贯了整个非洲大陆东北部，流经布隆迪、卢旺达、坦桑尼亚、肯尼亚、乌干达、扎伊尔、埃塞俄比亚、苏丹和埃及等9个国家，并霸气地跨越了撒哈拉沙漠，最后注入地中海，长达6670千米的路程使得它成为了世界上流经国家最多的国际性河流之一。

世界第一长河

尼罗河发源于赤道以南、非洲东部高原之上蜿蜒曲折，浩浩荡荡，由南向北奔腾而去。它贯穿非洲东北部，流域面积相当于整个非洲大陆面积的1/10。

尼罗河有两个源头，一个发源于海拔2621米的热带中非山区，叫作白尼罗河。白尼罗河流经维多利亚湖、基奥加湖等庞大的湖区，穿过乌干达的丛林，经苏丹北上。

尼罗河的另一个源头在海拔2000米的埃塞俄比亚高地，叫青尼罗河。青尼罗河全长680千米，它穿过塔纳湖，然后急速而下，形成一泻千里的水流，形成非洲著名的第二大瀑布——梯斯塞特瀑布。当青尼罗河冲入苏丹平原后与平静的白尼罗河交汇，形成了大家所熟悉的尼罗河。

尼罗河沿岸古迹

提到古埃及的文化遗产，人们首先会想到尼罗河畔耸立的金字塔、尼罗河盛产的纸草、行驶在尼罗河上的古船和神秘莫测的

木乃伊。它们的古老存在深刻标志了古埃及科学技术的高度，以及历史的浩大与磅礴。

埃及的生命线

尼罗河河段可分为七个大区：东非湖区高原、山岳河流区、白尼罗河区、青尼罗河区、阿特巴拉河区、喀土穆以北尼罗河区和尼罗河三角洲。

其中，尼罗河谷地和三角洲是古埃及文化的摇篮，同时也是人类文明的最早发源地之一。

说起埃及和尼罗河的渊源，从石器时代开始，尼罗河就已经是古埃及文明的命脉了。埃及大多数的居民和所有的城市都位于阿斯旺以北的尼罗河畔。

前8000年以前，由于气候变化或者是由于对干燥草原的过分畜牧利用，导致了尼罗河沿岸的沙漠化，迫使人类越来越集中于河谷两岸生活，从而也导致了一个高度中央集权的农业经济社会的形成。

埃及的发展在古希腊文明中起到了关键作用，而尼罗河则是其不停发展的源泉。每年的大水使得尼罗河沿岸的资源非常丰富，埃及人可在河畔种植小麦、棉花、水稻、椰枣等，大大解决了居民食物问题。此外，尼罗河畔还有许多野生动物，比如水牛。

埃及能够在历史上有非常长的稳定时期，保障之一就是尼罗河的丰富资源。尼罗河畔的贸易也是在很早就产生的，这些贸易的往来很好地保障了埃及与其周边国家的外交关系和埃及本身的经济稳定。

这一大功不得不归于尼罗河的存在，就如希腊历史学家希罗多德称"埃及是尼罗河的赠礼"。没有尼罗河水的灌溉，埃及文

明只可能会是昙花一现。

时至今天，埃及仍有96%的人口和绝大部分的工农业生产集中在这里，尼罗河不愧为埃及的重要生命线。

埃及的古老文明遗产

在所有提及的埃及古老文化中，金字塔是不可磨灭的痕迹，多达70多座金字塔的存在像一本本珍贵的"史书"，在古老的历史上印下了永恒的一页。

史上的纸草是尼罗河畔的又一种文明。纸草是一种形状似芦苇的植物，它盛产于尼罗河三角洲。纸草茎呈三角形，高约5米左右，近根部直径为5厘米~8厘米。

使用纸草时应先将纸草茎的外皮剥去，用小刀顺生长方向切割成长条，并横竖互放，用木槌击打，使草汁渗出，干燥后，这些长条就可永久地粘在一起，最后再用浮石擦亮，即可使用。

纸草不能做成书本，因此须将许多纸草片粘成长条，并于写字后卷成一卷，就成了卷轴。

出土于埃及的一艘约公元前4700年的古船，船长近50米，设备完好，以此不难看出埃及当时航海技术的高超和规模的宏大。而较轻型的船，则是用芦苇捆绑而成的，这种船，它可以横渡大西洋你相信吗？

另外，尼罗河还使当地人们产生了无与伦比的艺术想象力。古埃及的很多艺术品都既显现出了阳刚之气又不乏阴柔之美。这些东西的存在无疑对古埃及的社会繁荣与文明走向世界起到了至关重要的作用。

延 伸 阅 读

"尼罗河"一词最早出现于2000多年前。关于它的来源有两种说法：一是来源于拉丁语"尼罗"，意思是"不可能"。因为尼罗河中下游地区很早以前就有人居住，但是由于瀑布的阻隔，使得中下游地区的人们认为要了解河源是不可能的，故名尼罗河。二是认为"尼罗河"一词是由古埃及法老尼罗斯的名字演化而来的。

苏伊士运河——世界航道

苏伊士运河小档案

河流总长：190千米

流域面积：2万平方千米

发源地：埃及塞得港南

河流注入：埃及陶菲克港

苏伊士运河是世界上最为有名的国际通航运河之一。它处于苏伊士地峡之上，苏伊士地峡是连接亚欧两大洲的平坦的地峡。

苏伊士运河全长190千米，面积有2万平方千米。它穿过埃及国土，介于亚、非两大陆之间，北通地中海，南接红海，沟通大西洋和印度洋，是欧、亚、非三大洲的交通要冲，战略地位十分重要，有"世界航道的十字路口"之称。

伟大的航道

苏伊士运河北起塞得港，南到苏伊士城陶菲克港，加上伸入地中海、红海的河段，全长共190千米，这相当于中国大运河长度的1/10。如果船舶以每小时14千米的速度航行的话，通过运河的时间约为15小时。

苏伊士运河最初开凿通航时，深8米，宽22米~60米。之后经

过一系列的扩建，深达12米，宽为60米～150米。苏伊士运河的开通，大大缩短了欧、亚、非三大洲之间的远洋航运。以前从欧洲进入印度洋和太平洋，都要绕道非洲大陆南端的好望角，而现在通过苏伊士运河和红海进入印度洋、太平洋，航程就可缩短6000千米以上，从黑海沿岸到印度洋的航程缩短1万多千米，而从北美到印度洋的航程也缩短了6000千米左右。这样在很大程度上节省了航运的燃料和时间。

现在船只从波斯湾经苏伊士运河前往欧洲，一年可往返9次，而绕道好望角一年则只能往返5次。因此可以说，苏伊士运河在国际上具有极大的经济价值和战略地位，它就像是一条长长的水道，连接着所有远距离的航程。对于苏伊士运河，这条功臣性的河流，马克思在100多年前就曾高度评价过它，称它为"东方伟大的航道"。

苏伊士运河示意图

苏伊士运河东高西低，东面是高低不平且干旱的西奈半岛，西面是尼罗河低洼三角洲。苏伊士运河被建造之前，所毗邻的唯一重要聚居区只有苏伊士城，沿岸的其他城镇基本都在运河建成后才逐渐发展起来。

从地形上说，苏伊士的地形并不相同，其中有3个湖是浅而充满水的凹洼。苏伊士运河穿过苏伊士地峡，沟通地中海和红海、印度洋。

地峡是由海洋沉积物、粗沙和在早先降雨时期积存下来的沙砾、尼罗河的冲积土和风吹来的沙等构成的。在地峡处开凿运河，沟通洋或海，能节约海上航程。

苏伊士运河是条无闸明渠，全程路线虽基本为直的，却也有

8个主要弯道。运河自北向南贯穿4个湖泊，曼札拉湖、提姆萨赫湖、大苦湖和小苦湖。运河两端分别连接北部地中海畔的塞得港和南部红海边的苏伊士城。

苏伊士运河的代价

苏伊士运河的存在是埃及人民用勤劳的双手为人类做出的一项巨大贡献，而这项伟大贡献的历史却是血泪斑斑、令人心痛的。1859年4月，苏伊士运河工程开始动工，有数千万埃及工人在极端恶劣的条件下拼死劳动，这条运河修建了整整十年，直到1869年11月才完工。

而这里面的艰辛，只有亲身经历过的埃及人才能深刻体会得到。1859年运河公司以极低的工资雇佣了成千上万的埃及民工，强迫他们在苏伊士地峡、热带沙漠地带从事极其繁重的劳动。工地因为饮水十分缺乏，大批民工被渴死。公司所提供的伙食，不仅粗劣，而且量少，有时甚至一份饭还不够一个小孩充饥，多数民工经常处于半饥饿状态，沉重的劳动，使得他们不堪负重。除此之外，恶劣的卫生条件，各种病状的发生，特别是瘟疫流行，更是夺去了大批民工的生命。

1863年，一股强烈的伤寒席卷了整个工地，许多民工猝然死去；1865年，工地爆发霍乱，大批民工死亡，尸体遍野。苏伊士大运河的修建，使得埃及12万民工为之献身，平均每千米就有738.5人死亡。纳赛尔总统曾指出："这条运河是用我们的生命、血汗和尸骨换来的！"

没错，苏伊士运河就是一条用生命、用血和泪累积起来的河流。

苏伊士运河被开凿完毕后，在历史上曾经历过一系列的战争。1956年7月，埃及总统纳赛尔宣布将苏伊士运河收回国有。

同年10月，英法发动侵埃战争。在此其间，运河被关闭近半年，于1957年4月恢复通航。

1967年"六·五战争"，以色列侵占运河东岸西奈半岛等地后，运河又被迫停止航运。1973年"十月战争"，埃及部队打过运河，收复东岸一部分领土。1975年6月5日，运河在被关闭了8年之后再度恢复通航。

1976年，埃及政府又对运河进行了扩建工程，于1980年完成，扩建完成后的运河可满载15万吨或空载30万吨的巨轮，通过的时间可缩短到11小时。1982年3月29日，运河河底隧道全部通车。苏伊士运河在国际航道上取得的战略意义和经济价值是不可小视的。

延 伸 阅 读

关于苏伊士运河的开凿，可能远在埃及第十二王朝时，法老辛努塞尔特三世为了通过陆行平底船进行直接贸易，就下令挖掘了一条连接红海与尼罗河的"东西方向"的运河。然而，一些证据显示这条运河的存在至少持续到公元前13世纪的拉美西斯二世时期，随后运河被荒废。

亚马孙河——世界第一河

亚马孙河小档案

河流总长：6992千米

流域面积：691.5平方千米

发源地：安第斯山脉

河流注入：大西洋

在南美洲安第斯山脉中段科罗普纳山的东侧，有一股涓涓细流，它起初顺着山脉东麓古老岩石的表面向北流，之后在秘鲁伊基托斯市以北转而向东，一路上它汇聚了成千上万的大小支流，最终形成了一股势不可挡的滚滚洪流，在巴西马拉若岛附近倾入大西洋。它就是世界第一大河——亚马孙河。亚马孙河是世界上流量最大，流域面积最广的河流，沿途共接纳支流超过1万条，流域面积达到691.5万平方千米。据巴西国家太空研究院2007年对卫星图像的分析结果显示，亚马逊河全长约6992千米，是世界上最长的河流。

美洲人民的骄傲

亚马孙河的名字的由来与一个希腊神话有关。相传，在黑海高加索一带有个叫亚马孙的女人王国，这个国家的女人勇敢强悍。后来，西班牙殖民主义者来到亚马孙河流域，发现当地居民像亚马孙女人王国的妇女一样勇敢顽强，是一个不甘屈服于外来侵略势力的民族，而源远流长的亚马孙河同样神秘莫测，难以驯服，于是这条河流被命名为亚马孙河。

亚马孙河是拉丁美洲人民的骄傲。它浩浩荡荡，蜿蜒曲折，共流经了南美洲8个国家和一个地区，滋润了沿岸700多万平方千米的广阔土地。亚马孙河流量在世界河流中位居第一，它平均每秒钟在把11.6立方米的水注入大西洋，流量比密西西比河的10倍还多，是尼罗河的60倍，占据全球入海河水总流量的1/5，是全球水量最大的河流。

这条发源于秘鲁安第斯山脉，横贯南美洲的巨大河流，途中共汇集了1万多条支流，分布在南美洲大片土地上。它蜿蜒流经秘鲁、巴西、玻利维亚、厄瓜多尔、哥伦比亚和委内瑞拉等国，流域面积达691.5万平方千米，流域内植物种类之多居全球之冠，为世界上公认的最神秘的"生命王国"。

大河流小认识

亚马孙河自西向东流，在途中所接纳的1万多条河流中，其中有7条河流长度超过1600千米，有17条长度超过1500千米，有20条超过1000千米，如左岸的普图马约河、雅背拉河、内格罗河；右岸的茹鲁阿河、普鲁斯河、马代拉河等，这些支流伸入到玻利维亚、哥伦比亚、厄瓜多尔、委内瑞拉以及圭亚那等国。

亚马孙河上游约长2500千米，分为上、下两段。上段河流长约1000千米，落差达5000米，河段山高谷深、坡陡流急，是一条系列性的急流瀑布。

下段河流是两条巨大支流注入亚马孙河的两个河口之间的河段，因为是进入亚马孙平原，所以河流缓慢、曲流发达，至末端河宽约2000米。

亚马孙河的中游段流经秘鲁、哥伦比亚、巴西，全长约为2200千米。在巴西北部，其水深45米，河宽3000米，流速缓慢；

河中岛洲两岸河漫滩宽30千米~100千米，地势低下，湖沿密布，排水不畅；河流两侧支流众多，至中游末端，河宽至11千米，河深99米。

河流下游长达1600千米，两岸阶地分明，地势低平，河漫滩上水网如织，湖泊星罗棋布，水流时而快时而慢。在入海河口处宽达330千米，大西洋海潮可溯河直上，最远可深入1600千米。

亚马孙河流域的变化

亚马孙河流域是一个巨大的洼地，在新生代以前是一个下陷的深海槽，后来被大量的沉积物充填。这块洼地位于两个古老而不太高的结晶质高原间，北面是崎岖的圭亚那高原，南面是较低的巴西高原。

亚马孙河流域在上新世是一个巨大的淡水湖，在更新世某个时期向大西洋决口，大河及其支流深深揳入上新世的湖底。

如今的亚马孙河及其支流有一大片是被淹没的谷地。更新世时的冰河融化，海平面升高，峻峭的峡谷在海平面较低时，被侵蚀为上新世地表，这时完全是被淹没的。流域的古代沉积物地面是永久性陆地的土壤，大部分的亚马孙雨林便是在这种土壤上发育起来的。

辽阔的亚马孙河流域是拉丁美洲最大的低地。亚马孙河流域包括巴西和秘鲁的大部分、哥伦比亚、厄瓜多尔和玻利维亚的一部分以及委内瑞拉的一小部分，主流的约2/3和流域的绝大部分在巴西境内。

这里孕育了世界著名的亚马孙热带雨林，同时还有世界上面积最大的平原。平原地势低平坦荡，湖沼众多，多雨、潮湿及持续高温是这里最显著的气候特点。

河流湖畔的生命王国

印第安人是亚马孙河流域地区最早的主人。1970年，在这一地区南部发现了古代印第安人居住过的十几个洞穴，并发掘出大批陶器、石器等古物。

据考古学家估计，生活在洞穴里的印第安人至少活动在9000年~12000多年以前。

亚马孙河被称为世界神秘的"生命王国"，它是一座巨大的天然热带植物园。这里生活着各种罕见的动物、植物种类。

亚马孙河流域的树木种类繁多，植物的生长期接连不断，没

有固定的落叶季节。

在这个绿色的大海里，踩在你脚下的是卷柏、羊齿、附生凤梨等地面植被；同你身高不相上下的是草本植物、灌木和矮小的乔木；越过你头顶的是喜阴凉的棕榈、可可树等乔木，另外还有许多种"巨人树"，例如巴西果、乳木等，它们高达70米~80米。

亚马孙河流域的动物种类也很丰富，有不少珍禽异兽。主要有美洲豹、貘、犰狳、树豪猪等，像树懒、绢猴、猿猴、小食蚁兽、负鼠、蝙蝠等也很多。这里的大小河流纵横交错，为淡水鱼和各种水栖动物提供了一个自由的乐园……这些生命的存在，使得亚马孙河在世界上更为出名。

延 伸 阅 读

亚马孙河有一个世界自然奇观——涌潮，它可以和我国的钱塘江大潮相媲美。在穿越了辽阔的南美洲大陆以后，亚马孙河在巴西马拉若岛附近注入大西洋。亚马孙河的入海口呈巨大的喇叭状，海潮进入这一喇叭口之后不断受到挤压，进而抬升成壁立潮头，可以上溯600千米-1000千米。一般潮头高1米-2米，大潮时可达5米。涌潮时游人争相前往。每逢涨潮，涛声震耳，声传数里，气势磅礴。

巴拿马运河——世界桥梁

巴拿马运河小档案

河流总长：81.3千米

发源地：大西洋利蒙湾

河流注入：太平洋巴拿马湾

"巴拿马"这个词来自印第安语，意思是"蝴蝶之国"。16世纪初，哥伦布在巴拿马沿海登陆以后，发现了这里成群飞舞的彩色蝴蝶。于是，他使用当地印第安人的语言，将这个地方命名为"巴拿马"。

巴拿马运河是一条从大西洋的利蒙湾通到太平洋巴拿马湾的巨大河流，它全长81.3千米，最宽的地方有304米，最窄的地方也有91米，是世界上最大的运河之一，有"世界的桥梁"之称。

巴拿马运河的历史背景

在遥远的殖民时代，巴拿马地峡是连接太平洋与西班牙宗主国的重要交通枢纽，每年一度的波托弗洛交易会吸引了欧洲各大商行的代理商，在这里，成吨的秘鲁白银与欧洲货物进行着有利可图的交易，巴拿马也因此变得日益繁荣。然而，这并没有改变它从属的地位。

　　18世纪，巴拿马是西班牙的领地，19世纪则成为新兴的哥伦比亚共和国的一个省。也许是那个时候，人们发现了这座城市的重要价值。随着商业的兴盛，人们对航运提出了更高要求，他们发现在狭长的巴拿马地峡开凿一条运河，沟通两大洋，将会是另一番壮举。

　　早在1523年，西班牙国王查理一世就曾明确提出了开凿一条中美洲运河的主张。

　　1534年，西班牙国王卡洛斯一世下令对巴拿马地峡进行勘查，并做了开凿的准备。后来又经过一些变动、侦察，开通运河的提议又被提了出来。

　　人们看到在经济上，开凿运河的好处不言而喻，随着大西洋和太平洋之间的航运日益发达，一条更为便捷的航路显然会带来很多好处。但是，最终下令开凿巴拿马运河的是美国第26任总统西奥多·罗斯福，这是他任内的主要功绩，他也因此被美国人民雕入总统山。

重要的"世界桥梁"

巴拿马运河位于美洲中部的巴拿马地峡，东临大西洋，西接太平洋，连接了南、北美两个大陆。因为这里地势十分狭窄，再加上巴拿马运河起到了沟通太平洋和大西洋航运的作用，所以它被称为"世界的桥梁"。不仅如此，巴拿马运河独特的地理位置，还使得它成为了南、北美洲的天然分界线。

同苏伊士运河一样，巴拿马运河的开通也是建立在巴拿马人民的血肉和泪汗上的。它记载了巴拿马人民的辛酸和苦累，同样也记载了帝国主义的掠夺和侵略，它就是一条阅尽了历史沧桑的大运河。

巴拿马运河于1904年开工，历经十年之久，到1914年8月15日完工，耗资38700万美元。巴拿马运河的修建完工实在是巴拿马人民血汗的结晶。据说开凿运河时，瘟疫流行，再加上沿岸山地较多，湿气很大，劳动条件十分恶劣，使得不少巴拿马人民丧命。

然而现在，巴拿马运河在国际航运上起到巨大作用，这或许就是对死去的巴拿马人民最好的报答。

巴拿马运河是一条重要的国际航道，它的通航使太平洋到大西洋的航程缩短了10000多千米，在很大程度上方便了拉丁美洲东海岸与西海岸及与亚洲、大洋洲之间的联系，具有重要的经济和战略意义。

巴拿马运河的国际航道地位也体现在它的通航容量上，据统计，每年通过这里的船只有15000多艘，重量总吨位在1.5亿吨以上。货运量占世界海上货运量的5%，世界上约有60多个国家和地区在使用这条运河。而运河区的劳务收入和船只通行税，则是巴拿马经济的重要支柱之一。

巴拿马运河的流程

巴拿马运河就像一座水桥，流淌在巴拿马共和国的中部，在国际上发挥着它的重要意义。巴拿马运河区是一个狭长的地带，它的划分是从运河的中流线向两侧延伸，宽16.1千米，长80多千米，总面积为1432平方千米。

巴拿马运河是复线水闸式的，船只通过运河需经过3个水闸，每个水闸宽为34米，长为312米。历史记录上通过运河最长的船只为296米，横弦最宽为33米，吨位最重达到61078万吨。海轮由

大西洋航经巴拿马运河驶向太平洋，首先驶入长约12千，宽150米，水深12.6米的利蒙湾深水航道至克里斯托瓦尔港；然后通过由3座船闸组成的加通水闸后，水位升高26米，进入加通湖。

加通湖航道大约38千米，宽150米~300米，深13.7米~26.5米，其航向转为东南，略呈S形，航至甘博阿；然后进入库莱布拉航道，该航道长13千米，宽152米，水深13.7米；船只之后再经佩德罗—米格尔船闸、米拉弗洛雷斯湖小段航道，以及由2座船闸组成的米拉弗洛雷斯水闸，这时水位复降至海平面，到达巴尔博亚；路程最后一道是巴拿马湾深水航道。船只所经过的6座船闸，都是双道对开闸门结构，这样可方便来往船只同时对开过往。

延 伸 阅 读

巴拿马运河被称为美国的"地峡生命线"。所以美国人一直将巴拿马运河的主权控制在自己的手中。然而从1903年巴、美签订不平等运河条约以来，巴拿马人民就为收复运河区主权开展了不屈不挠的英勇斗争。20世纪末，巴拿马收回了属于自己国家的运河主权。

密西西比河——河流之父

密西西比河小档案

河流总长：6262千米

发源地：落基山北

河流注入：墨西哥湾

这条一泻千里、奔腾不息的河流，名叫密西西比河。它是美国第一大河，和南美洲的亚马孙河、非洲的尼罗河和中国的长江一同被称为"世界四大长河"。蜿蜒前行的密西西比河就像一条乳白色的飘带，由北向南嵌在美利坚合众国的大地上，银白色的河水静静地向南流着，两岸是浓密的绿色风光，河上一队队排列着南来北往的船只，呈现出一派繁忙融合的景象。

美国第一大河

美丽富饶的密西西比河发源于美国西部偏北的落基山北段的群山峻岭之中，曲折千里，蜿蜒前行，由北向南纵贯整个美国大平原，最后注入墨西哥湾，全长3950千米。它虽比最大的支流密苏里河短418千米，但是根据河源唯远的原则，把密苏里河的长度，加上从密苏里河汇入密西西比河河口以下的长度，则密西西比河长6262千米，这个数字使得它成为北美大陆上流程最远，流

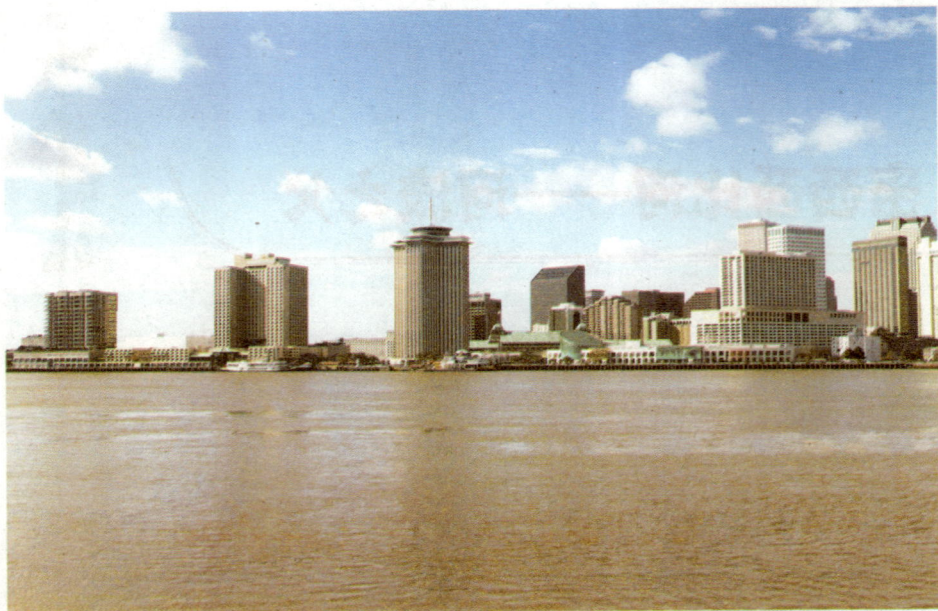

域面积最广、水量最大的水系。

密西西比河，这条大河滔滔不绝的河水像乳汁一样哺育了密西西比河整个流域的人们。美国人民长期以来就称源远流长的密西西比河为"老人河"。这个名称起源于居住在美国北部威斯康星州的阿尔公金人，他们把这条河流的上部叫作"密西西比"，即"河流之父"的意思。

密西西比河流域范围很广，河段中众多的支流，联系着大半个美国的经济区域。整个水系流经美国本土48州中的31个州，以及加拿大的两个州。北起北美五大湖附近，南达墨西哥湾，南北长达2400千米，从西边的落基山到东南的阿巴拉契亚山地，东西宽约2700千米，全流域面积达322万平方千米，绝大部分在美国境内，占美国全部领土的2/5左右。在世界各大河中，流域面积居世界第三位。

密西西比河简介

密西西比河本身发源于明尼苏达州北部地区的伊塔斯卡湖附近，向南流入墨西哥湾，全长3950千米。在这条干流的上游处，有一个最具代表性的湖泊——密苏里河。密苏里河主流发源于美国西北部地区落基山脉的黄石公园附近，另一支流发源于加拿大与美国的边境地区，这里河流水量小，含沙量大，水位年变化大，河水较浑浊，对于生活在沿岸的人，河水既不能饮用，也不能耕耘，对当地农业灌溉和航运都有一定影响。

密西西比河上游，包括整个密苏里河流域和密西西比河本身的上游流域，全长达4300多千米。它首先流经落基山地，河流分割山地，支流很多，弯弯曲曲，形成了许多风景秀丽的峡谷。河流接着经过广大沼泽，这一地区水土流失比较严重，流域水源主要靠高山雪水补给。

　　河水从伊塔斯喀湖流出后，蜿蜒于森林和沼泽之中，在这里水流是缓慢的。在河源附近，是星罗棋布的大小湖泊。这一河段上，拥有美国中北部最年轻的大城市——"双子城"，这是美国重要的轻工业中心之一。同时，这里盛产的枫树还使得它成为了一个游览区。

　　密西西比河的中游河段比较短，全长320千米。主要包括密苏里州和伊利诺斯州的部分地区。这里终年温暖多雨，作物生长良好，水流稳定，航道深阔，航运价值很大，每年运输繁忙，货流量大，是美国经济比较发达的平原地区。

　　密西西比河下游长期以来是一个曲折蜿蜒、泥沙淤积的河流典型，河道在泛滥平原上形成了无数弯曲。密西西比河的下游河段从俄亥俄河河口起一直到密西西比河三角洲的河口部分，全长1570千米。

该河下游河段比较平坦，河流的弯曲度也不大，这里常年气候温和，雨量充沛，属于亚热带湿润地区。

密西西比河两岸的经济

密西西比河流域大部分是平原，即使是谷底，也已经大部分被沼泽化了，河身异常弯曲，有许多旧河床和河曲。这里土壤肥沃，是美国重要农作物玉米的最大产地。在密西西比河的下游，有最大的港口城市孟菲斯，现在是美国农畜产品的一个大的集散地，尤以生产棉花、棉籽油和硬木等著名。目前还是农机制造、汽车装配、制药、木材和农产品的加工基地。

在密西西比河流经的三角洲地区，有美国最大的海港新奥尔良，它主要承担大宗货物和中转到世界各地的物资。共有深水岸线380千米，每天这里有近百艘来自世界各地的船只进出。目前它已成为了仅次于荷兰鹿特丹港的世界第二大海港。

在新奥尔良西北120千米处的巴吞鲁日，河宽水深，航运极为便利，同时，也是美国南方重要工业城市。这里生产的石油化

工产品，无论在数量上还是在质量上，都仅次于休斯敦，居美国第二。

密西西比河的灾难

密西西比河，从开始垦殖的时候起，就是南北航运大动脉。但历史上的密西西比河灾害比较频繁。20世纪初期，该河流中下游地段河水就不断发生泛滥，城镇乡村的建筑大部分都被摧毁，农田和果园遭到破坏，工业和交通几乎全部处于瘫痪状态、许多人背井离乡，流离失所，经济损失极为严重。

但是如今的密西西比河却被治理得很好，洪水不但得到了控制，而且还得到了充分的利用。如今的密西西比河，处处是绿色的河岸，生气勃勃的工业城镇星罗棋布，繁忙的船队与轻快的游艇使美国这条源远流长的大河精神焕发，更是为美国的大地生辉增色。

延 伸 阅 读

2010年9月，在美国路易斯安那州西部密西西比河发现成千上万只死鱼，其中还有一条鲸鱼。另外还有螃蟹、刺鲼、海鳗、斑鳟和红鳟鱼。因此有人怀疑，英国石油公司采油平台发生的泄漏事故可能是造成大面积鱼族死亡的真正原因。

哥伦比亚河——美洲大河

哥伦比亚河小档案

河流总长：1953千米

流域面积：67.1万平方千米

发源地：哥伦比亚湖

河流注入：太平洋

哥伦比亚河是北美洲西部的一条大河，它源于加拿大落基山脉西坡的哥伦比亚湖，向西南流经美国西北部半干旱区，切穿整个喀斯喀特山脉，在阿斯托里亚处注入太平洋。全长1953千米，流域面积67.1万平方千米。主要支流包括库特内河、庞多雷河、奥卡诺根河、斯内克河、亚克莫河、考利茨河及威拉米特河。

丰富的哥伦比亚河

哥伦比亚河是北美洲西部的大河之一，它最终注入太平洋。河流补给主要是来自高山融雪，部分靠冬季降水。河流水量很大，河口年平均流量为7860立方米/秒。水位季节变化小，河流大部分地区流经深谷，河床比降大，多为急流瀑布，落差820米，水力储量达4000万千瓦~5000万千瓦，是世界水力资源最丰富的河流之一。

哥伦比亚河的排水量仅次于密西西比河、圣罗伦斯河和马更些河，同时它还是世界最大的水电资源之一，连同其支流占美国水力资源的1/3。

斯内克河是哥伦比亚河流众多支流中最大的一个支流，全长1610千米，流域面积28.2万平方千米。它源于美国怀俄明州西北黄石国家公园西南角，向南流经大特顿国家公园中的杰克逊湖，然后向西流经爱达荷州。这段河流多陡峭的峡岸和急流险滩，其中有亚美利加瀑布、特温瀑布以及惊险的肖肖尼瀑布。肖肖尼瀑布从宽达275米的马蹄形岩盘上突然下跌64米，景色蔚为奇观。这里春夏高山冰雪融解时水量最大，冬季最小。干、支流可通航约1000千米，大洋海轮可直达河口以上150千米的波特兰。另外，干、支流处还建有多座大小水坝，用于灌溉和发电。其中大古力

水电站就是美国规模最大的一个水电站。哥伦比亚河泥沙含量小，是流域内重要的工农业水源。

哥伦比亚河流域简介

哥伦比亚河是一条国际河流，干流全长近2000千米，落差808米，流域面积67.1万平方千米。河流上游在加拿大，长748千米，落差415米，流域面积10.2万平方千米，占全流域的15%。中下游河流处在美国，长1252千米，落差393米，流域面积56.7万平方千米，占流域的85%。它的名字是以1792年来此探险的波士顿商人罗伯特·格雷所乘的船的名字命名的。河流干流多，瀑布多，大部分河段流经深谷。

哥伦比亚河流域从西向东依次是海岸山脉、卡斯卡特山脉和落基山脉，均呈南北向穿过该流域，组成了科迪勒拉山系。山脉之间分布有河谷、高原和盆地，其中位于流域东部的落基山脉，绵长宽

阔，海拔一般在2000米~3000米，是北美洲最主要的山脉。

河流气候状况

哥伦比亚河流每年在冬季几个月都会集中西北太平洋区的雨量，因为受高山阻隔，所以除北部沿海降水较多以外，其余的降水量多在500毫米以下，山间一些高原盆地的年降水量更是不及300毫米，气候较为干燥。

该河流域内的大部分大气降水是以雪的形式降落到山区的，冰雪融水源源不断地流入哥伦比亚河。通常，流域内各支流冬季水量较少，春季水量较大。

但在沿海盆地，水文条件却有所不同，这里冬季雨量集中，常可引起骤发洪水。而夏季几个月，水量显著减少，河水又降到最低水位。

接受降雪的哥伦比亚河，丰枯差别相当大，如大古力水电站坝址处年平均水量962亿立方米，最丰年达1347亿立方米，最枯年仅666亿立方米，丰枯年水量几乎相差一倍。

这里年内径流分配也不均匀，通常汛期4月~7月内的4个月的水量约占全年水量的68%。

尽管夏季会出现汛期，但是由于南方各支流受到融雪补给，早于北方诸支流，所以流量较为均匀。哥伦比亚河还有一个重要的特点就是含沙量低，筑坝后水库不易淤积。

大河流域内的水电站

由于哥伦比亚河含沙量低的重要特点，使得水坝的建筑更加盛行。美国联邦机构早在上世纪三十年代开始，就曾在哥伦比亚河流上修建了29座主要的水坝。

他们修建的这些水坝，不但有利于洪水控制和灌溉，也为鱼类洄游、鱼类和野生物种提供了栖息地，而且还具有发电、航运和娱乐等综合效益。

这些大型水电站的修建，在客观上促进了纵横交错的超高压和特高压输电线路的建设，推动了美国西部电网的发展和与其他电网的联网。同时在另一方面也方便了非联邦机构修建其余的中小型水坝。

美国西北地区的水电系统是世界上最大的水电系统之一，其水电开发、水电布局和水电调度都极引人瞩目，并有相当重要的贡献。

延 伸 阅 读

哥伦比亚河的洪水历时较长，而且比较有规律，一般都在5、6、7三个月，其中以6月最大。综合利用水库在汛前留出防洪库容，汛末蓄满，可将防洪和兴利较好地结合。上游干、支流水库拦洪调节后，下游约翰迪水库再留防洪库容24.7亿立方米，可使最大流量降至2.2万立方米/秒，配合下游地区的堤防，足以满足防洪要求。